Summer Edition
2019 vol.45

CONTENTS

封面攝影　回里純子
藝術指導　みうらしゅう子

炎熱的夏天，以手作感受清涼！

作品 INDEX

No.41
P.20 透明波奇包
作法 | P.63

No.40
P.20 雙拉鍊波奇包
作法 | P.81

No.38
P.19 拉鍊波奇包
作法 | P.19

No.33
P.17 口金收納包
作法 | P.85

No.32
P.17 水滴波奇包
作法 | P.78

No.27
P.15 波奇包
作法 | P.74

No.26
P.15 筆袋
作法 | P.83

No.64
P.43 半月波奇包
作法 | P.98

No.61
P.39 雞眼釦水桶包
作法 | P.88

No.56
P.28 防水波奇包
作法 | P.90

No.49
P.24 圓形束口袋
作法 | P.87

No.47
P.23 網布束口袋
作法 | P.85

No.43
P.21 三件式波奇包
作法 | P.83

ZAKKA ETC

No.14
P.11 玫瑰胸針
作法 | P.11

No.12
P.10 水壺提帶
作法 | P.69

No.08
P.09 摺疊布盒
作法 | P.65

No.07
P.08 雜物棄置袋
作法 | P.64

No.06
P.08 捲筒衛生紙套
作法 | P.65

No.04
P.08 壁掛收納袋
作法 | P.63

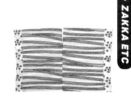

No.03
P.07 套頭衫
作法 | P.63

No.25
P.14 杯墊
作法 | P.73

No.24
P.14 繡框收納袋
作法 | P.76

No.23
P.14 頂針指套針插
作法 | P.70

No.22
P.13 工具收納包
作法 | P.67

No.21
P.13 腰帶
作法 | P.91

No.18
P.12 變形針插
作法 | P.69

No.37
P.19 拖鞋
作法 | P.76

No.36
P.18 拖把布
作法 | P.79

No.35
P.18 冰涼領巾
作法 | P.79

No.31
P.16 附針插的碎料袋
作法 | P.77

No.30
P.16 相框針插
作法 | P.82

No.29
P.16 剪刀套
作法 | P.75

No.28
P.16 隨身縫紉包
作法 | P.75

No.73
P.52 耳環
作法 | P.53

No.71 · 72
P.50 Natasha娃娃主體＆頭髮＆服裝
作法 | P.105至107

No.45
P.21 三角形收納盒
作法 | P.80

No.44
P.21 書籤
作法 | P.103

No.42
P.21 耳環
作法 | P.68

手巾・毛巾・PVC透明果凍布・疊緣・夏色棉布

手作雜貨 45 選

將當季的素材＆色彩納入手作元素中，
以充滿涼意的夏季素材，享受製作小物的樂趣吧！

攝影＝回里純子　造型＝西森 萌　妝髮＝タニ ジュンコ　模特兒＝Dona

No. 01

ITEM | 糖果波奇包
作 法 | P.62

以「ひめ丈」的短手巾（長50cm）製作
而成的拉鍊波奇包。外出旅行時，可用
來收納貼身衣物、小物或化妝品等。

表布＝伊勢木棉 手巾（花すい
ぎょく）／SOU・SOU

手巾

京都原創織物品牌SOU SOU的手巾（手巾
布），質材為100%伊勢木棉，兼具流行＆摩
登的設計充滿迷人的魅力。寬約35cm×長約
90cm的尺寸大小使用方便，不論機縫或手縫
都很容易，因此特別推薦用於小物的製作。

丹寧褲／conges payes
ADIEU TRISTESSE

No. 03

ITEM | 套頭衫
作 法 | P.63

以兩片手巾布製作而成的涼感套頭衫。
由於衣長較短僅約44cm，因此建議內搭
露出也OK的小背心。

表布＝伊勢木棉 手巾（清流に
梅）／SOU・SOU

No. 02

ITEM | 籐籃底束口袋
作 法 | P.62

特別適合搭配夏日浴衣的外出手袋。直
徑16cm的籐籃為均一價商店販售的商
品。試著以籐籃外加手巾的組合，提升
沁涼清爽的印象吧！

表布＝伊勢木棉手巾（SO-SU-U萌黃）
／SOU：SOU

No.
05
ITEM｜單肩包
作法｜P.64

於提把兩端附帶的圓形
環上，將以兩片手巾布
製成的布包本體打結固
定即完成！非常適合搭
配夏日的隨性裝扮。

表布＝伊勢木棉 手巾
（しあわせ）／SOU・SOU
磁釦＝手縫磁釦14mm
（SUN14-115・鎳白色）／
清原（株）

No.
04
ITEM｜壁掛收納袋
作法｜P.63

以兩片相同花樣的手巾布製作而
成。帶有壁飾般的氛圍，是可以
成為居家裝飾亮點的單品。

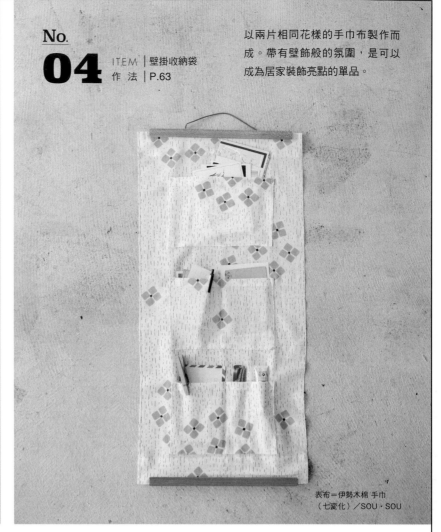

表布＝伊勢木棉 手巾
（七変化）／SOU・SOU

No.
07
ITEM｜雜物棄置袋
作法｜P.64

將一片手巾布縫製成袋狀，袋口簡單套
入刺繡框鎖緊固定即完成。不限於存放
無用的雜物，亦可收納曬衣夾或購物
袋，是很實用的生活好物唷！

表布＝伊勢木棉 手巾
（よろこび）／SOU・SOU

No.
06
ITEM｜捲筒衛生紙套
作法｜P.65

除了只需一片手巾布即可完成，直線縫
就OK的簡單作法亦為其魅力所在。請挑
選能為廁所增添明亮感的花樣，試著作
作看吧！

表布＝伊勢木棉 手巾
（見通し）／SOU・SOU
中薄接著襯＝接著布襯～
Owls Mama（AM-W3）
／日本VILENE（株）

No. 09

ITEM｜四合釦購物袋
作 法｜P.82

看似是簡單基本款的扁平袋型，卻能藉由改變袋口四合釦的扣合方式，變化造型的有趣手袋。不妨試著搭配內容物來改變形狀吧！

表布＝伊勢木棉 手巾（花ならべ）／SOU・SOU
厚接著襯＝接著布襯～Owls Mama（AM-W4）／日本VILENE（株）
四合釦＝四合釦13mm（SUN18-41・鎳白色）／清原（株）
織帶＝（株）SUNHIT

丹寧褲／conges payes ADIEU TRISTESSEテス

No. 08

ITEM｜摺疊布盒
作 法｜P.65

將手巾燙貼上硬質接著襯，如摺紙般摺疊製作而成。可放入裁縫工具，或裝入糖果餅乾，作為便利的小物收納盒使用。

表布＝伊勢木棉 手巾（間がさね宮美）／SOU・SOU
厚接著襯＝接著布機～Owls Mama（AM-W4）／日本VILENE（株）

四合釦・彈簧壓釦的安裝方法

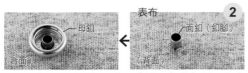

表布

面釦（釦腳）
（背面）

母釦
背面

於四合釦安裝位置打孔後，穿過面釦的釦腳，再由上方套上母釦。

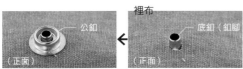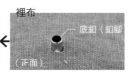

裡布

底釦（釦腳）
（正面）

公釦
（正面）

於四合釦安裝位置打孔後，穿過底釦的釦腳，再由上方套上公釦。

凹側

面釦
（正面）

母釦
（背面）

凸側

底釦
（背面）

公釦
（正面）

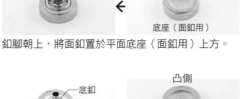

① 凹側

面釦

底座（面釦用）

釦腳朝上，將面釦置於平面底座（面釦用）上方。

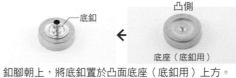

凸側

底釦

底座（底釦用）

釦腳朝上，將底釦置於凸面底座（底釦用）上方。

四合釦

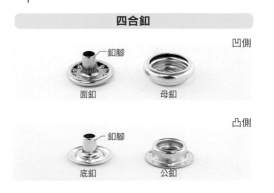

凹側

釦腳

面釦 母釦

凸側

釦腳

底釦 公釦

④

木槌

衝釦器

母釦

以木槌敲打衝釦器。一直敲打至釦腳完全壓扁，面釦（底釦）確實固定，無法旋轉的狀態。

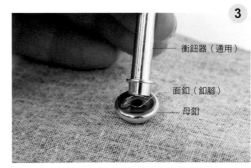

③

衝釦器（通用）

面釦（釦腳）

母釦

將衝釦器的凸起端嵌入面釦（底釦）的釦腳處。

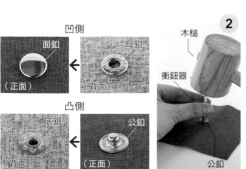

② 凹側

面釦
（正面）

母釦
（背面）

凸側

底釦
（背面）

公釦
（正面）

木槌

衝釦器

公釦

以木槌敲打衝釦器，直至面釦（底釦）確實固定，無法旋轉的狀態。

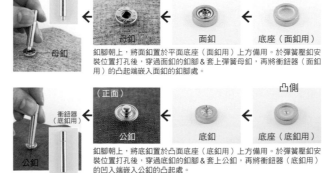

②

衝釦器（面釦用）

（背面）

母釦

① 凹側

面釦

底座（面釦用）

釦腳朝上，將面釦置於平面底座（面釦用）上方備用。於彈簧壓釦安裝位置打孔後，穿過面釦的釦腳＆套上彈簧母釦，再將衝釦器（面釦用）的凸起端嵌入面釦的釦腳處。

衝釦器（底釦用）

（正面）

公釦

凸側

底釦

底座（底釦用）

釦腳朝上，將底釦置於凸面底座（底釦用）上方備用。於彈簧壓釦安裝位置打孔後，穿過底釦的釦腳＆套上公釦，再將衝釦器（底釦用）的凹入端嵌入公釦的凸起處。

彈簧壓釦

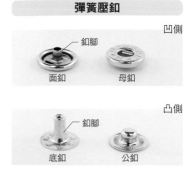

凹側

釦腳

面釦 母釦

凸側

釦腳

底釦 公釦

No. 10

ITEM｜荷葉邊束口袋
作 法｜P.66

活用疊緣特有的張力感＆高級的素材感，拼接製作出質量輕盈且耐用度高的束口袋，並搭配不同花樣的疊緣作為兩側的荷葉邊裝飾。當作隨身環保袋使用也很輕巧便利喔！

紅色・疊緣A＝疊緣（舞曲・No.21）
疊緣B＝疊緣（橫條紋 No.9）
藍色・疊緣A＝疊緣（波爾卡舞曲・No.13）
疊緣B＝疊緣（枠美・No.30）
／FLAT（高田織物株式会社）

疊緣

疊緣原為一種包覆榻榻米邊緣的帶狀布料，現今因推出了許多繽紛多彩的色調＆花樣，而成為備受矚目的手作素材。最大的優點是不必處理布邊的收邊，以家庭用縫紉機也可以輕鬆縫製。寬約7.8cm的規格為市場主流，表面的光澤感與質輕耐用的素材感也獨具魅力。

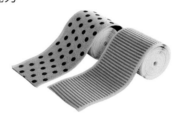

No. 11

ITEM｜彈片口金面紙套
作 法｜P.67

可以將護手霜、唇膏等零散的小物，與袖珍面紙一起收納的便利套。裝入彈片口金的開口設計，使拿取物品更加輕而易舉。

No. 12

ITEM｜水壺提帶
作 法｜P.69

以作成織帶狀的疊緣製作的水壺提帶。在此依1公升容量的水壺為標準尺寸。因為附有活動日型環，所以可以自由調整提把的長度。

疊緣＝疊緣（枠美・No.33）
／FLAT（高田織物株式会社）
環類＝活動日型環25mm
（SUN13-135・古銅金）
口型環25mm（SUN13-119・古銅金）／清原（株）

疊緣A＝疊緣（花美・No.1）
疊緣B＝疊緣（麻綿・No.119）
／FLAT（高田織物株式会社）

No. 14

ITEM | 玫瑰胸針
作法 | P.11

相較於布料，疊緣是更能確實作出摺痕的素材，因此玫瑰的輪廓也能準確地捏摺成型，完成美麗的作品。

左・疊緣A＝疊緣（大圓點・No.105）
右・疊緣A＝疊緣（珍珠・No.30）
左右通用・疊緣B＝疊緣（鱗紋・No.5）
／FLAT（高田織物株式會社）

No. 13

ITEM | 迷你手拿包
作法 | P.68

本體＆荷葉邊皆以疊緣製作而成的手拿包。疊緣的光澤與張力詮釋出正式感，即便在隆重的場合中也能使用。

疊緣A＝疊緣（麻央・No.200）
疊緣B＝疊緣（C-8）／FLAT
（高田織物株式會社）
磁釦＝超薄磁釦 14mm
（SUN 14-105）／清原（株）

玫瑰胸針的作法

材料 疊緣A…60cm　疊緣B…12cm　胸針台座…1個

4

捲繞。

由邊端開始捲繞。

3

摺雙側

翻面至如圖示模樣。

2

摺雙側

於虛線的位置作山摺線。

1

對摺。

本體（疊緣A・正面）

將疊緣摺疊至一半的寬幅，再將邊角往前側摺三角形。

8

縫合。

本體（背面）

待捲繞至最後，摺疊邊端，並於背面止縫固定。

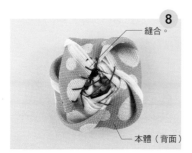

7

捲繞。

重複步驟 3 至 6。

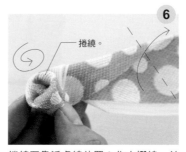

6

捲繞。

捲繞至靠近虛線位置＆作山摺線，並將已捲繞的根部止縫固定。

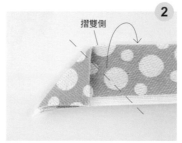

5

止縫固定。

將已捲繞的根部處止縫固定，並在靠近步驟 2 摺疊好的三角形終點（虛線位置）作山摺線。

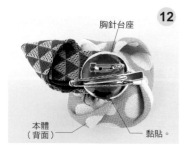

12

胸針台座

本體（背面）

黏貼。

將胸針台座黏貼於本體的背面。

11

接縫。

葉子（正面）

本體（正面）

將葉子接縫於本體的背面。

10

摺疊。

止縫固定。

將上側端反摺，止縫固定。

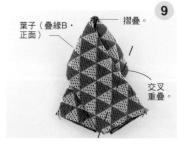

9

葉子（疊緣B・正面）

摺疊。

交叉重疊。

製作葉子。先將疊緣B進行等寬的三摺邊，再如圖所示對摺，使兩端呈交叉重疊。

No.
16
ITEM｜卡片套
作 法｜P.71

表布使用靛藍染，裡布搭配紅色丹寧風
的疊緣。打開的瞬間，就能以撞色的組
合吸引目光。當作小禮物送人，肯定會
讓收禮者愛不釋手。

疊緣＝疊緣（藍紅色・No.1）
／FLAT（高田織物株式会社）
彈簧壓釦＝彈簧壓釦 13mm
（SUN18-23・古銅金）／清原（株）

No.
15
ITEM｜拉鍊波奇包
作 法｜P.70

無裡布，直接以一片疊緣製作成手掌大
小的波奇包。用於收納化妝品、零錢或
鑰匙等容易散亂於包包裡的小物，是極
其理想的實用尺寸。

疊緣＝疊緣（大圓點・No.9）
／FLAT（高田織物株式会社）

No.
18
ITEM｜變形針插
作 法｜P.69

以四片長10cm的疊緣，縫製而成的變形針插。可
藉由顏色＆花樣的組合來改變視覺風格，是一款
令人忍不住想多作幾件的單品。

疊緣A＝疊緣（橫條紋・No.103）
疊緣B＝疊緣（綿白・No.1）
／FLAT（高田織物株式会社）

No.
17
ITEM｜迷你托特包
作 法｜P.71

以素色＆點點花樣的疊緣併接縫製而成
的迷你托特包。除了活用疊緣的張力特
性使袋型筆挺立體，更加上了20cm的
側身幅寬，特別推建作為便當袋使用。

疊緣A＝疊緣（舞曲・No.27）
疊緣B＝疊緣（麻絹・No.122）
／FLAT（高田織物株式会社）

No. 20

ITEM｜三層拉鍊波奇包
作法｜P.72

活用寬幅約7.8cm的疊緣，製作成三段式拉鍊的波奇包。除了收納文具用品與裁縫工具，也很推薦作為單據的分類夾使用。

疊緣A＝疊緣（和香・No.401）
疊緣B＝疊緣（麻綿・No.103）
／FLAT（高田織物株式会社）

No. 19

ITEM｜三角零錢包
作法｜P.73

走在流行尖端的三角形時尚零錢包。以長約25cm的疊緣即可輕鬆製作完成。作為藥品或小飾物的收納包，輕便又好攜帶。

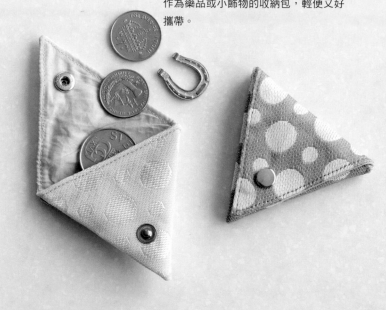

左・疊緣＝疊緣（大圓點・No.104）
右・疊緣＝疊緣（大圓點・No.103）
／FLAT（高田織物株式会社）
彈簧壓釦＝彈簧壓釦10mm
（SUN18-11・鎳白色）／清原（株）

No. 22

ITEM｜工具收納包
作法｜P.67

素色×條紋的疊緣組合。由於不須處理布邊，輕鬆就能完成。口袋的車縫位置可依個人喜好加以調整。

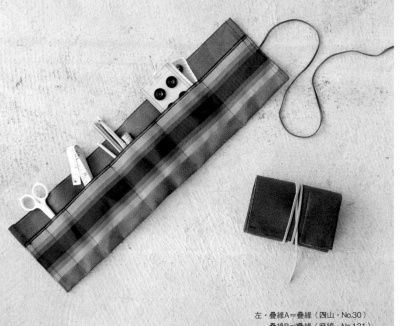

左・疊緣A＝疊緣（四山・No.30）
疊緣B＝疊緣（麻綿・No.121）
右・疊緣A＝疊緣（四山・No.40）
疊緣B＝疊緣（麻綿・No.111）
／FLAT（高田織物株式会社）

疊緣＝疊緣（今風・No.60）
／FLAT（高田織物株式会社）
D型環＝D型環 40mm
（10-104・鎳白色）
／清原（株）

No. 21

ITEM｜腰帶
作法｜P.91

將兩片疊緣縫合製作而成的腰帶，配戴感輕盈且舒適。亦可依男用或小孩用的對象，自由修改長度。請試著依個人喜好，在顏色&花樣上作變化，享受隨心所欲的創作&搭配樂趣。

丹寧褲／conges payes
ADIEU TRISTESSE

No. 23

ITEM｜頂針指套針插
作 法｜P.70

以拼布用的頂針指套（戒指頂針器）製作針插。僅需15cm大小的布片即可製作。加上珠鍊後，亦可作為拉鍊吊飾。

繽紛多彩的時尚感！

夏色棉布

正因為是夏天，不妨試著將稍微有別以往的五彩繽紛印花布導入手作元素之中，一起來發掘進口印花布令人眼睛為之一亮的設計吧！源自於美國的ART GALLERY FABRICS或COTTON＋STEEL，以及來自法國的Nathalie Lété……眾多充滿時尚元素的印花布是不是令人目不暇給＆難以選擇呢？

No. 25

ITEM｜杯墊
作 法｜P.73

如摺紙般摺疊布片，以摺線的花樣表現出特色設計。請挑選充滿夏天氣息＆清爽色調的布料來製作吧！

No. 24

ITEM｜繡框收納袋
作 法｜P.76

建議擺設在裁縫間的壁掛式收納袋。以直徑26cm的繡框使作品輪廓更加立體，並呈現出獨特的魅力焦點。

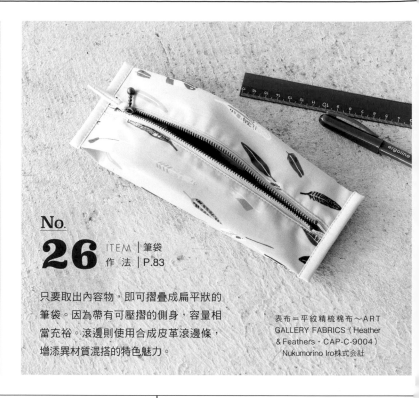

No. 27

ITEM｜波奇包
作 法｜P.74

以令人滿意的側身高度，創造出充裕的收納空間，屬於大容量的波奇包。在表裡布之間包夾了鋪棉縫製而成，因此成品的袋型圓潤飽滿，建議可作為旅行波奇包使用。

雙拉鍊設計，分類收納更方便！

表布＝平紋精梳棉布～ART GALLERY FABRICS（Bluebonnet Dusk・DAT-89400）
表布＝平紋精梳棉布～ART GALLERY FABRICS（Navy・SE-611）／Nukumorino Iro株式會社
鋪棉＝單膠鋪棉（MK-DS-1P）／日本VILENE（株）

No. 26

ITEM｜筆袋
作 法｜P.83

只要取出內容物，即可摺疊成扁平狀的筆袋。因為帶有可壓摺的側身，容量相當充裕。滾邊則使用合成皮革滾邊條，增添異材質混搭的特色魅力。

表布＝平紋精梳棉布～ART GALLERY FABRICS（Heather & Feathers・CAP-C-9004）／Nukumorino Iro株式會社

拉鍊的接縫方法

對齊布料兩端的拉鍊接縫方法

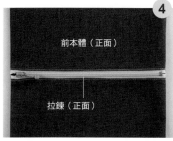

4 翻至正面。

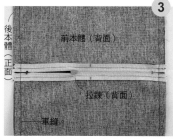

3 與後本體正面相對疊合，車縫兩側脅邊。

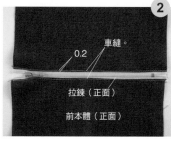

2 翻至正面車縫。

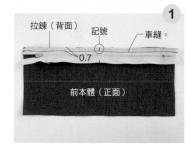

1 將拉鍊的中心與前本體的中心對齊，在距邊0.7cm處的縫份上進行車縫。另一側亦以相同方式進行縫合。

波奇包的拉鍊接縫方法

5 翻至正面。

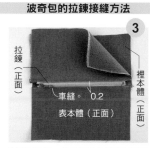

4 將表本體與表本體、裡本體與裡本體各自正面相對疊合，並於裡本體預留返口之後，縫合周圍。

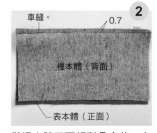

3 翻至正面，避開裡本體進行車縫。

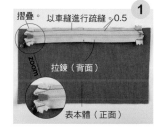

2 與裡本體正面相對疊合後，在距邊0.7cm處進行車縫。另一側亦以相同方式進行縫合。

1 將上止與下止兩端的拉鍊布邊往背面，再往上斜摺＆車縫固定後，將拉鍊的中心與表本體的中心對齊，在距邊0.5cm處以車縫進行疏縫。

附有裝飾布的拉鍊

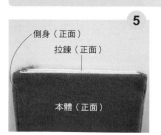

5 翻至正面。

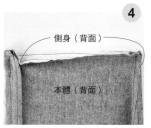

4 將本體與側身正面相對縫合。

3 本體＆拉鍊正面相對疊合，沿著完成線進行車縫。另一側亦以相同方式進行車縫。

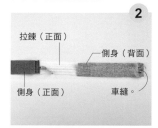

2 側身＆裝飾布正面相對疊合，以縫紉機由完成線車縫至完成線。另一側亦以相同方式進行縫合。

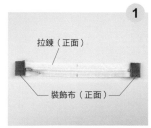

1 在拉鍊兩端接縫裝飾布。

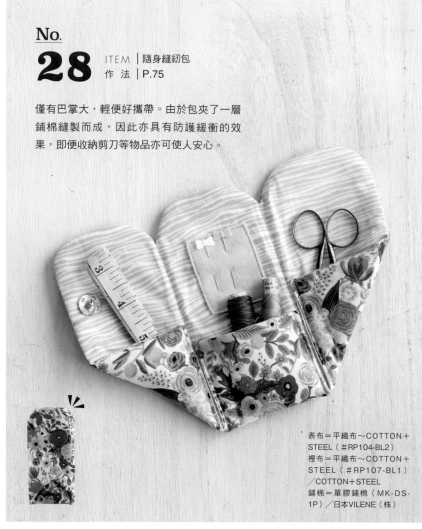

僅有巴掌大，輕便好攜帶。由於包夾了一層鋪棉縫製而成，因此亦具有防護緩衝的效果，即便收納剪刀等物品亦可使人安心。

No.
29 ITEM｜剪刀套
作法｜P.75

表布＝平織布～COTTON＋STEEL（＃RP103-CR3）
裡布＝平織布～COTTON＋STEEL（＃RP109-NA1LM）／COTTON+STEEL
鋪棉＝單膠鋪棉（MK-DS-1P）／日本VILENE（株）

藉由包夾鋪棉，縫製出帶有蓬軟厚度的剪刀套。特別加大的8cm寬度，是裁切輪刀也能輕鬆收納的尺寸。

表布＝平織布～COTTON＋STEEL（＃RP104-BL2）
裡布＝平織布～COTTON＋STEEL（＃RP107-BL1）／COTTON+STEEL
鋪棉＝單膠鋪棉（MK-DS-1P）／日本VILENE（株）

No.
31 ITEM｜附針插的碎料袋
作法｜P.77

利用矽膠製的防滑材質固定在桌面上，可供集中縫紉過程中的零碎布料＆線頭。針插附有魔鬼氈，亦可自由取下。

No.
30 ITEM｜相框針插
作法｜P.82

利用相框製作的針插。只要塞入手工藝棉花＆包覆個人喜愛的印花布，即可快速完成。擺飾在裁縫桌上，就是美麗的特色點綴！

表布＝平織布～COTTON＋STEEL（＃RP102-DU3）
裡布＝平織布～COTTON＋STEEL（＃RP108BL1）COTTON+STEEL
極厚接著襯＝接著布襯～Owls Mama（AM-W5）／日本VILENE（株）

表布＝平織布～COTTON＋STEEL（RP100-CR1）／COTTON+STEEL

No. 33

ITEM｜口金收納包
作法｜P.85

附袋底的自立型口金收納包。由於袋口寬敞，縫紉工具＆文具等物品皆可輕鬆收納取放。

表布＝牛津布～Nathalie Lété（Lop rabbit）／株式会社 decollections

厚接著襯＝接著布襯～Owls Mama（AM-W4）／日本 VILENE（株）

No. 32

ITEM｜水滴波奇包
作法｜P.78

不僅有引人注目的水滴（露珠）造型，附有拉鍊的袋口也是加分的設計。但若僅以薄布料製作，將無法作出漂亮的袋型。因此請視布料的厚度，搭配合適的接著襯進行調整。

表布＝牛津布～Nathalie Lété（Flower bird）／株式会社 decollections

厚接著襯＝接著布襯～Owls Mama（AM-W4）／日本 VILENE（株）

彈簧壓釦＝彈簧壓釦 13mm（SUN 18-23・古銅金）／清原（株）

口金的安裝方法

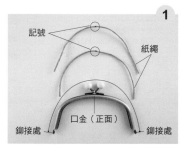

4

以牙籤於口金溝槽中塗入白膠。

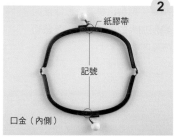

3

前後裡本體側皆畫上中心記號。

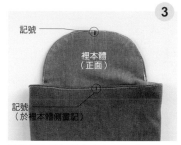

2

於口金框的內側黏貼紙膠帶後，以奇異筆畫上中心點的記號。

1

取口金框兩側鉚接處之間的長度，裁剪2條紙繩，並於紙繩中心作記號。

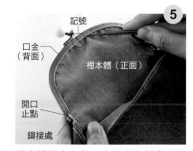

8

塞入剩餘的紙繩。

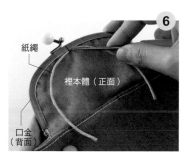

7

將紙繩裁剪成比口金框再短0.5cm的長度。另一側亦同。

6

將紙繩的中心與口金的中心對齊後，以錐子（或一字型螺絲起子）將紙繩塞入口金的溝槽中。

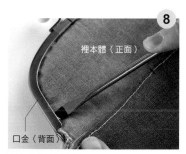

5

將本體的中心與口金的中心對齊，以錐子（或一字型螺絲起子）將本體塞入口金溝槽中。將鉚接處與本體的開口止點對齊，保持中心與鉚接處對齊不變，均衡地塞入袋口布。

12

為了避免傷及口金，請以尖嘴鉗包夾著擋布，夾緊口金框的四個邊端。完成後撕下步驟 2 的紙膠帶。

11

以手指輕輕地將本體往左往右順平，使整體看起來更為一體化。

10

依步驟 6 至 8 相同作法塞入紙繩。

9

另一側的本體也依步驟 4 至 5 相同作法塞入口金的溝槽中。

No.
34

ITEM｜浴巾托特包
作 法｜P.79

僅於浴巾上接縫了皮革織帶的簡單托特包。特別適合作為泳具或瑜伽用品的隨意收納攜帶包。

毛巾

日常隨手可得的棉質素材「毛巾」也是特別推薦納入夏季手作的素材之一，其中又以容易裁剪＆縫製的薄毛巾較為適合。但若以縫紉機進行車縫時，由於毛巾邊緣容易綻開＆出現毛屑，因此建議在車縫至一段落時，可視狀況移除梭子進行清理。

No.
36

ITEM｜拖把布
作 法｜P.79

將手邊預備淘汰的舊毛巾，以縫製抹布的感覺來製作地板除塵布。利用魔鬼氈即可輕鬆黏合拆取，也因為是毛巾材質，所以更能耐洗耐刷。

No.
35

ITEM｜冰涼領巾
作 法｜P.79

利用一條運動毛巾就能完成製作！沁涼舒適的祕密在於領圍內側附有一個能夠裝入保冷劑的口袋，是一件預防酷暑的便利好物。

No.
38
ITEM | 拉鍊波奇包
作法 | P.19

使用一條毛巾手帕製作的全開
式拉鍊波奇包,可收納太陽眼
鏡或飾品等。由於可依內容物
&需求自由敞開袋口拉鍊,取
放物品極為方便。

No.
37
ITEM | 拖鞋
作法 | P.76

可於飯店房間內或搭乘飛機時,便利
換穿的毛巾材質拖鞋。使用正反兩面
不同配色的毛巾布搭配鞋面&鞋底,
表現出整體性的設計感。

鋪棉=單膠鋪棉(MK-DS-1P)
/日本VILENE(株)

拉鍊波奇包的作法

材料 毛巾手帕(25cm×25cm)…1條　FLATKNIT®拉鍊 50cm…1條

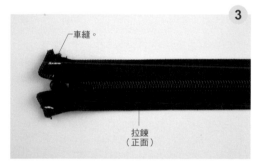

3

將摺疊的拉鍊布邊車縫固定。

2

將步驟 1 摺疊的拉鍊布邊往上摺成三角形。

1

將上止端的拉鍊布邊往正面摺疊。

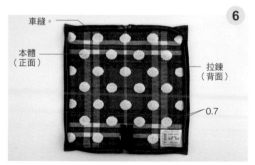

6

在距邊0.7cm處沿邊車縫後,拆下疏縫線。

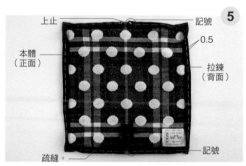

5

本體與拉鍊正面相對疊合。對齊本體與拉鍊布邊的
邊端,並將拉鍊的上止對齊上側的記號處,拉鍊的記
號則對齊下側的記號處。邊角呈自然的弧邊,在距邊
0.5cm處沿邊疏縫。

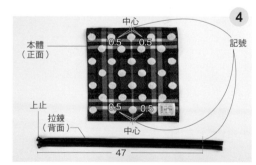

4

於本體&拉鍊上作記號。

8

完成!

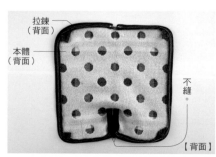

7

縫份倒向本體側,由下側的記號處至另一片下側的記號處,車縫一圈。下止側拉鍊端的部分
請勿縫合。

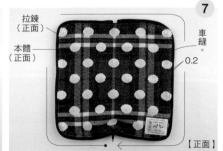

No. 39

ITEM｜附手機袋小肩包
作法｜P.80

想要稍微瞄一下手機時，不必特地取出手機，可透過PVC透明果凍布的窗格進行操作的小肩包。肩帶可自由取下或更換。

配布＝PVC透明果凍布 透明
（PVI-1）／日本鈕釦貿易
（株）
中薄接著襯＝接著布襯～Owls
Mama（AM-W3）／日本
VILENE（株）
肩帶＝合成皮革肩帶（YAS-
1012・#870）／INAZUMA
（植村株式会社）
彈簧壓釦＝彈簧壓釦 10mm
（SUN 18-23・古銅金）／清
原（株）

涼感滿點！

PVC透明果凍布

PVC透明果凍布（透明塑膠布）是夏季備受矚目的素材，經常可見應用於市售的手提袋或雜貨上。相較於布料，雖然在縫製時必須具備些許技巧，但只要多下點兒功夫，就會變得特別容易縫製。PVC透明果凍布的縫製技法請參見P.30。

No. 41

ITEM｜透明波奇包
作法｜P.63

外觀猶如信封般的形狀，看起來相當可愛的波奇包。在兩片防水布之間夾入羽毛點綴特色＆利用縫線的色彩增加趣味性，都是別具巧思的設計。

表布＝PVC透明果凍布 透明（PVI-1）
／日本鈕釦貿易（株）
彈簧壓釦＝彈簧壓釦 10mm
（SUN 18-11・鎳白色）／清原（株）

No. 40

ITEM｜雙拉鍊波奇包
作法｜P.81

附有PVC透明果凍布窗格的雙拉鍊波奇包。可以透過果凍布看見表布的花樣，相當具有時尚感。附有側身的設計增加了容量空間，正適合收納瑣碎的隨身小物。

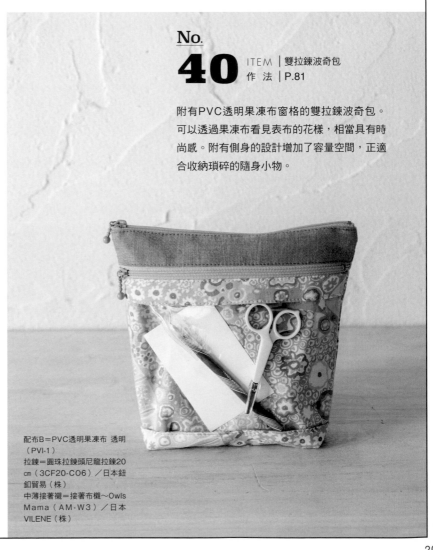

配布B＝PVC透明果凍布 透明
（PVI-1）
拉鍊＝圓珠拉鍊頭尼龍拉鍊20
cm（3CF20-C06）／日本鈕
釦貿易（株）
中薄接著襯＝接著布襯～Owls
Mama（AM-W3）／日本
VILENE（株）

No. 43
ITEM│三件式波奇包
作 法│P.83

內容物清楚可見的扁平拉鍊波奇包。以
雞眼釦結合活動卡圈，串接成三件式套
組，攜帶便利且萬用。

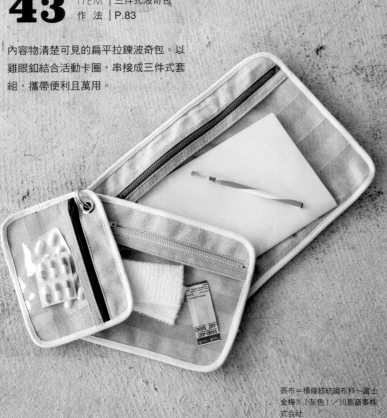

表布＝橫條紋紡織布料〜富士
金梅®.（灰色）／川島商事株
式会社
配布＝PVC透明果凍布 透明
（PVI-1）／日本鈕釦貿易
（株）

圖左・表布＝PVC透明果
凍布 黃色（PVI-11）
圖右・表布＝PVC透明果
凍布 天空藍（PVI-15）
／日本鈕釦貿易（株）

No. 42
ITEM│耳環
作 法│P.68

僅僅裁剪彩色果凍布即可製作的耳環。
以透明感傳遞的沁涼氣息，完全符合夏
天的休閒風格。

圖左・表布＝PVC透明果凍布
天空藍（PVI-15）
圖中・表布＝PVC透明果凍布
透明（PVI-1）
圖右・表布＝PVC透明果凍布
綠色（PVI-13）／日本鈕釦貿
易（株）

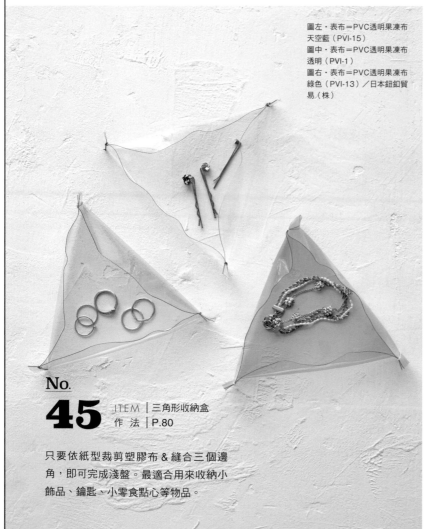

No. 45
ITEM│三角形收納盒
作 法│P.80

只要依紙型裁剪塑膠布＆縫合三個邊
角，即可完成淺盤。最適合用來收納小
飾品、鑰匙、小零食點心等物品。

No. 44
ITEM│書籤
作 法│P.103

塑膠材質的透明涼感書籤。若夾入的閃
亮飾片＆花片稍有厚度，整體就會而顯
得凹凸不平，因此建議挑選扁平的素材
為佳。

表布＝PVC透明果凍布 透明
（PVI-1）／日本鈕釦貿易
（株）

質樸麻線與繽紛色彩
碰撞出今夏最百搭的手織包。

輕巧堅韌的麻繩帶著獨特的自然風情，運用粗麻繩鉤織而成的包包，
不但短時間內就能完成，更是美麗實用的百搭配件！
自然原色搭配繽紛彩色麻線，打造出能夠盡情享受配色＆花樣的時尚設計。
立即可用的30款自然色麻編鉤織包，即使是新手也能放心嘗試！

原味風格！
一日完成‧自然色時尚麻編包
辰已出版◎編著
平裝／80頁／21×26cm／彩色＋單色
定價 350 元

蕾絲罩衫・白色丹寧褲
／conges payes ADIEU
TRISTESSE

攝影＝回里純子　造型＝西森萌　妝髮＝タニジュンコ　模特兒＝Dona

夏季手作包・波奇包

以特選素材營造沁涼感！

結合透氣網布、塑膠布、
防水布等材質，搶先製作
夏季的每日手提袋＆波奇
包吧！

No.
46
No.
47

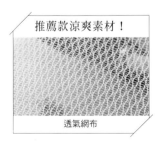

推薦款涼爽素材！

透氣網布

No.
komihinata・杉野未央子設計

46&47

ITEM｜網布小肩包＆
　　　網布束口袋
作 法｜46→P.84 / 47→P.85

加入涼感十足的透氣網布，製作出季節感十
足的小肩包＆束口袋。口布的靛藍染布料＆
綁繩的搭配組合，極好地傳遞出夏日風情。
圓形袋底的設計，使袋體可以輕鬆地立置擺
放。

表布＝LIBERTY印花帆布／作家個人私有
配布A＝透氣網布（Rhombus MESH・
jb03at180626）／NESSHOME

蕾絲長版上衣／conges payes
ADIEU TRISTESSE

推薦款涼爽素材！

亞麻布

推薦款涼爽素材！

PE滌塔夫防水布（PE Taffeta）

No.
くぼでらようこ設計

49 ITEM │圓形束口袋
作 法│P.87

將質感清爽的亞麻布剪下圓形布片，縫製成束口
袋。只要預先裝入糖果餅乾等小點心，打開束口
袋擺放在桌上，就變成布雜風的托盤容器啦！

No. くぼでらようこ設計

48 ITEM │環保購物袋
作 法│P.86

以經常被使用在雨衣等的PE Taffeta
製作的環保袋。折疊後，可收納於以
同一塊布製作的迷你托特包裡。

表布＝PE滌塔夫防水布（PE Taffeta）
TRICOTE（EDXA-2006-1C）／（株）
cocca

24

蕾絲罩衫・白色丹寧褲
／conges payes ADIEU
TRISTESSE

蕾絲罩衫・白色丹寧褲
／conges payes ADIEU
TRISTESSE

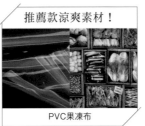

推薦款涼爽素材！

PVC果凍布

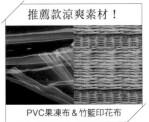

推薦款涼爽素材！

PVC果凍布＆竹籃印花布

No. 51

ITEM｜側口袋托特包
作 法｜P.89

此包款是重疊了仿真蔬菜印花布＆PVC透明果凍
布後，再進行縫製而成。相較於使用單片布料，
視覺上看起來更加鮮明亮麗，耐用＆兼具防水特
性亦為其一大優點！

表布＝平織布（YKA-61000-1A）／（株）cocca
表布＝PVC果凍布 透明（PVI-1）／日本鈕釦貿易（株）

No. 50

ITEM｜透明手提袋
作 法｜P.88

使用今夏最夯素材——PVC果凍布，並放入仿真
感的竹籃印花布束口袋。特別推薦搭配簡約穿
著，以突顯設計亮點。

表布＝PVC果凍布 透明（PVI-1）／日本鈕釦貿易（株）
配布＝10號帆布（HA-3020-1A）／（株）cocca

No.
53

蕾絲長版上衣・丹寧褲
／conges payes ADIEU
TRISTESSE

No.
52

蕾絲罩衫・白色丹寧褲
／conges payes ADIEU
TRISTESSE

推薦款涼爽素材！

Espadrilles袋底

No.   赤峰清香設計
52 & 53

ITEM │ **52**→船形束口托特包
　　　 53→矩形束口托特包

作 法 │ P.92

袋底使用了西班牙涼鞋Espadrilles
（草編鞋）相同素材的黃麻。口布
則使用了赤峰老師的新品帆布──
Anchor花樣。

No.52　表布＝原創條紋亞麻（Original Stripe linen）
帆布（藍色布耳×淺駝色×黑色）／倉敷帆布（株式会社
BAISTONE）
配布＝棉厚織布79號～Navy Blue Closet（Anchor Line・
＃3300-31・橄欖色）／富士金梅®（川島商事株式会社）
袋底＝Espadrilles袋底（橢圓）／MC SQUARE（株）
提把＝皮革提把（BM-60004 ＃25・焦茶色）INAZUMA
（植村株式会社）
線材＝繡線～Sara（12）／（株）FUJIX
No.53　表布＝原創條紋亞麻（Original Stripe linen）帆
布（黃色布耳×藏青色×漂白色）／倉敷帆布（株式会社
BAISTONE）
配布＝棉厚織79號～Navy Blue Closet（Anchor Line・
＃3300-9・灰色）／富士金梅®（川島商事株式会社）
袋底＝Espadrilles袋底（方形）／MC SQUARE（株）
線材＝繡線～Sara（35）／（株）FUJIX

No.

54

赤峰清香設計

ITEM｜迷你手提袋
作 法｜P.93

能夠妥善掛在提籃上使用的迷你手提袋。以赤峰老師設計的新品帆布——Retro Tile花紋縫製而成。尺寸非常適合用來收納手機或票卡套。

配布＝11號帆布～Navy Blue Closet（Retro Tile ＃5000-24 冷灰色）／富士金梅®（川島商事株式会社）

可任意調整長度，將提把繫在袋口內側的D型環上。

推薦款涼爽素材！

帆布

蕾絲長版上衣・丹寧褲／conges payes
ADIEU TRISTESSE

一次學會手作包・波奇包・布小物・縫拉鍊的實用技法！

隨時都能著手開始的簡單手作小物，永遠都是不褪流行的經典款。
您是否也有過這樣的經驗呢？在嘗試製作造型簡單的作品時，
發現有一堆自己無法理解的步驟，因此感到挫折！
本書匯集初學者最容易受到挫折的重點步驟及袋物製作的基礎教學，
讓新手也能安心地親手完成心愛的袋物。
書中介紹作品包含直線車縫布小物、稍微有點難度的收納包、手提包，
全部的設計皆以基本款作品為主，除了自用也可作為送禮安排，
一起盡情揮灑手藝，完成喜愛的作品吧！

基礎超圖解！初學者必備的手作包聖典
BOUTIQUE-SHA ◎授權
定價 450 元
平裝 104 頁／彩色

No.
55

加藤容子設計

ITEM｜防水手提袋
作 法｜P.100

使用人氣印花布COTTON＋STEEL的防水塗層
加工亞麻帆布，並於提把＆袋口處配置上尼龍織
帶，作出層次特色。

表布＝防水亞麻帆布〜COTTON＋STEEL（兔子×松
鼠）／MC SQUARE（株）

推薦款涼爽素材！

防水塗層布

表布＝防水亞麻帆布〜COTTON＋STEEL（兔子×松鼠）／MC SQUARE（株）

蕾絲罩衫·白色丹寧褲
／conges payes ADIEU TRISTESSE

No.
57

加藤容子設計

ITEM｜防水小肩包
作 法｜P.90

以COTTON＋STEEL防水塗層布料製作的
拉鍊小肩包。因為接縫了兩段拉鍊，可將
隨身的瑣碎小物分類收納，相當便利。

表布＝防水棉質平織布〜COTTON＋STEEL
（三葉草 淺藍色）／MC SQUARE（株）

推薦款涼爽素材！

防水塗層布

No.
56

加藤容子設計

ITEM｜防水波奇包
作 法｜P.90

以COTTON＋STEEL防水塗層布料製作令
人開心不已的大尺寸拉鍊波奇包。除了收
納化妝品，還可以裝入隨身髮梳等小物。

表布＝防水亞麻帆布〜COTTON＋STEEL
（Flower）／MC SQUARE（株）

推薦款涼爽素材！

防水塗層布

不怕裁布 NG！
快速完成超實用又有型的布小物！

「直裁法」是只要直接在布面上畫直線＆剪下縫製，即可快速完成的簡單布作技巧，因為不需要紙型，所以裁縫初學者也能迅速完成漂亮的作品。

也因為袋型設計簡單，更能明顯地展現出布料的花色魅力。

你也趕快挑選心愛的布料，立刻動手試試看吧！

簡單直裁的43堂布作設計課
新手ok！快速完成！超實用布小物！
BOUTIQUE SHA ◎授權
平裝／72頁／21×26cm
彩色／定價 320 元

不易車縫の特別素材處理攻略

本期將以毛巾布、防水布等特殊材質製作的包包＆收納包集結成了夏季手作素材的特別單元，
但其中或許有些較不易縫製的材質。請在本次的講座中，一邊掌握縫紉機的基礎用法，
一邊了解個別材質的特性、處理方法和車縫訣竅，藉此拓展手作包和小物製作的變化性吧！

縫紉機的基礎用法

車針＆操作方式，會隨著縫紉機種改變。實際進行車縫時，請詳閱個人使用的縫紉機操作說明書。以下步驟圖示中的數字僅供參考，請以
實際使用的布料測試車縫，自行調整。

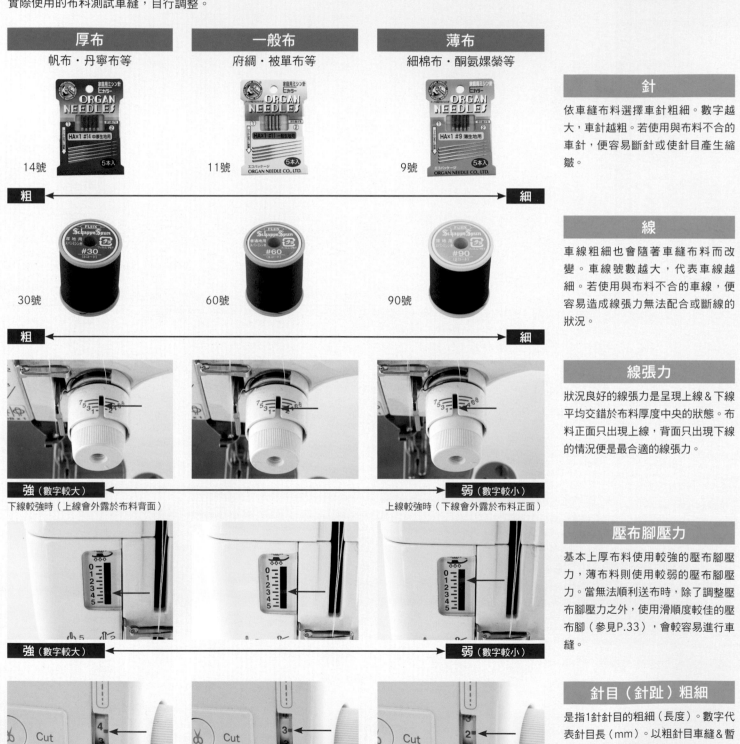

厚布	一般布	薄布
帆布・丹寧布等	府綢・被單布等	細棉布・酮氨嫘縈等
14號	11號	9號

粗 ←————————————————————→ 細

30號	60號	90號

粗 ←————————————————————→ 細

強（數字較大） ←————————————————————→ 弱（數字較小）

下線較強時（上線會外露於布料背面）　　　　上線較強時（下線會外露於布料正面）

強（數字較大） ←————————————————————→ 弱（數字較小）

粗（數字較大） ←————————————————————→ 細（數字較小）

針

依車縫布料選擇車針粗細。數字越
大，車針越粗。若使用與布料不合的
車針，便容易斷針或使針目產生縮
皺。

線

車線粗細也會隨著車縫布料而改
變。車線號數越大，代表車線越
細。若使用與布料不合的車線，便
容易造成線張力無法配合或斷線的
狀況。

線張力

狀況良好的線張力是呈現上線＆下線
平均交錯於布料厚度中央的狀態。布
料正面只出現上線，背面只出現下線
的情況便是最合適的線張力。

壓布腳壓力

基本上厚布料使用較強的壓布腳壓
力，薄布料則使用較弱的壓布腳壓
力。當無法順利送布時，除了調整壓
布腳壓力之外，使用滑順度較佳的壓
布腳（參見P.33），會較容易進行車
縫。

針目（針趾）粗細

是指1針針目的粗細（長度）。數字代
表針目長（mm）。以粗針目車縫＆暫
時車縫固定，這兩種狀況時皆使用粗
針目（將數字調大）。

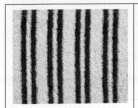    

毛巾布	皮革	尼龍布	防水布	果凍布（vinyl）	
以環狀編織成的布料，蓬鬆且具厚度和彈性。容易脫線，且一旦線圈被鉤住就容易縮皺，因此縫製時須多加留意。	分為使用動物皮革的真皮，以及使用合成樹脂製作的合成皮料（合成皮）。合成皮相對地容易使用。可根據質感等偏好選用。	具有硬挺度和光澤，也有部分會進行撥水加工等處理。	在布料上加工覆蓋PVC塗層，表面呈現出PVC質感的布料。由於不易脫線，因此無需處理布邊。	PVC材質。由於不會脫線，因此無需處理布邊。	材質
No.34	No.69	No.48	No.56	No.41	
11～14號	14號～（或皮革專用車針）	9～11號	11～14號	11～14號	針
60號	30號～	90～60號	60～30號	60～30號	線
粗	粗	細	粗	粗	針目粗細
弱	弱	弱	弱	弱	線張力
強	弱	弱	普通～弱	普通～弱	壓布腳壓力
○	×（不易穿入，會殘留針孔）	△（有些種類會殘留針孔）	×（會殘留針孔）	×（不易穿入，會殘留針孔）	珠針
○	△	○	△（僅背面側可畫記）	×	記號（粉土筆）
△（僅可使用低溫）	×	×	×	×	熨燙
容易鉤到送布齒，不易對齊車縫	不易送布	不易送布&對齊車縫	不易送布	不易送布	車縫時的注意事項
參見⑤⑥⑦	參見①②③④⑤⑥⑦	參見①②③④⑤⑥	參見②③④⑤⑥⑦	參見①②③④⑤⑥⑦	參見

①無法使用粉土筆的布料作記號方式

紙膠帶

將紙膠帶黏貼在想作記號的位置。使用紙膠帶之前，請先進行試黏，確定能從布料表面完全撕除後再使用。

點線器

用於標記摺線或合印記號。經過一段時間後，痕跡便會消失，因此建議在開始製作的前一刻再作記號。亦可先以零碼布確認不會殘留痕跡再使用。

裁布時，請沿原子筆線條內側進行裁剪，如此一來便不會殘留原子筆筆跡。

原子筆

以原子筆作記號。由於原子筆的筆跡不會消失，因此僅限於畫記裁布&打洞記號等不會留存的部分。

②不可使用珠針，也無法作記號的布料裁布方式

裁布

直接疊放上紙型，以裁布刀（滾輪刀）一片一片進行裁布。由於塑膠布等布料會傷害布剪的刀刃，因此若要使用剪刀，請另備一把專用剪刀。

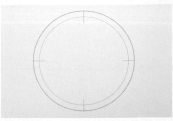

紙型

無法作記號的布料，需預先作好含縫份紙型，再以紙型進行裁布。車縫時則須使用引導器，從布邊測量縫份進行車縫。（參見P.33⑥）

紙膠帶

以紙膠帶黏貼紙型。

珠針

在縫份上插入珠針

使用可穿入珠針卻會留下針孔的材質時，僅在縫份上插入珠針固定。

紙型（背面）

捲黏一圈的膠帶

捲黏一圈的膠帶

在紙型背面貼上捲黏一圈的透明膠帶或紙膠帶，再將紙型黏貼於布料上。

紙型的固定方式

布鎮

布鎮

以布鎮壓住，進行裁布。

---

③當布料無法使用珠針時的暫時固定方式

紙膠帶

紙膠帶

以紙膠帶黏貼。

（為避免車縫紙膠帶，須在車縫前撕除。）

布用口紅膠

以布用口紅膠黏貼。

（不適用於透明塑膠布等材質）

布用雙面膠／（株）
KAWAGUCHI

布用雙面膠

黏貼布用雙面膠。由於膠帶上難以車縫，因此黏貼膠帶時應避開車縫部分。（不適用於透明塑膠布等材質）

疏縫固定夾／
Clover（株）

疏縫固定夾

以疏縫固定夾夾住固定。

---

④無法熨燙的布料摺疊方式

壓開縫份的方式

滾輪骨筆／Clover
（株）

以骨筆或滾輪骨筆壓開縫份。滾輪骨筆是以滾輪壓摺出摺線的工具。

無法以骨筆作出摺線的布料則以紙膠帶黏貼。

以骨筆壓摺出摺線。

縫份的摺法

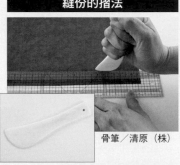

骨筆／清原（株）

以方格尺量取縫份寬度＆疊放在布料上，以骨筆或點線器畫線。

---

⑤送布不易材質的車縫方式

難以送布的布料會黏在壓布腳＆縫紉機平台上。此時可增加這些部位的滑順度，使車縫順利進行。

提升壓布腳＆車針的滑順度

黏貼於壓布腳下方

NITOFLON®黏著膠帶
／（株）baby lock

鐵氟龍膠帶

鐵氟龍膠帶

將滑順度優異的鐵氟龍膠帶黏貼在壓布腳下方。雖然價格略微昂貴，但無論何種壓布腳的滑順度皆可獲得改善，是若能提前預備，應付臨時狀況將會很方便的膠帶。

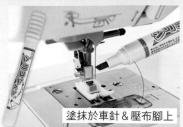

塗抹於車針＆壓布腳上

縫紉用矽利康潤滑劑
／Clover（株）

塗抹於車針＆壓布腳上

矽利康潤滑筆／（株）
KAWAGUCHI

矽利康潤滑劑

將可提升滑順度的矽利康潤滑劑塗抹於車針＆壓布腳下方。筆型款式可塗抹較細小的部分，棒狀款式則是從較小的位置到縫紉機平台都能使用，非常方便。跳針時在車針上塗抹矽利康潤滑劑，亦可獲得改善。

鐵氟龍膠帶

以烘焙紙相同的方式，在縫紉機平台上大範圍地黏貼。比烘焙紙更耐用，滑順度也很優秀，因此更容易車縫。

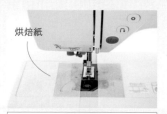

烘焙紙

烘焙紙

避開送布齒，將烘焙紙黏貼在整面縫紉機平台上，就能夠增加平台的滑順度。

Knitting Silicon
／（株）KAWAGUCHI

提升縫紉機平台的滑順度

矽利康潤滑劑（噴霧式）

將噴霧式矽利康潤滑劑噴在布料上，再以此布料擦拭縫紉機平台，便能夠提昇滑順度。噴霧式的應用範圍廣，非常方便。

可將縫紉機的壓布腳替換成滑順度優異的款式。請自行選擇適合你的縫紉機的壓布腳吧！

使用容易送布的壓布腳

均勻送布齒壓布腳

使用於不易對齊車縫的布料＆滑順度不佳的布料。由於壓布腳上有上送布齒，因此可和縫紉機的送布齒進行連動，夾住布料進行送布。可防止縫紉機絞線或無法對齊車縫。

滾輪壓布腳

由於壓布腳上有滾輪，因此可順暢車縫。塑膠布、皮革、毛巾布皆可使用。（由於部分素材會殘留滾輪痕跡，建議在車縫前提早試驗確認。）

特滑壓布腳

和鐵氟龍壓布腳相同，壓布處的滑順順度良好，容易車縫。

鐵氟龍壓布腳

壓布處是以鐵氟龍材質製作，滑順度高容易車縫。

除了均勻送布齒壓布腳之外的3款壓布腳／brother

---

⑥含縫份布料的車縫方式

以含縫份版型裁切（參見P.31 ②）的布料車法。縫紉機平台上附有縫份寬度導線，對齊布邊即可進行車縫。

紙膠帶

紙膠帶

在縫份寬度的位置黏貼上紙膠帶。

縫份導引器

黏貼式的設計，也可以黏貼在金屬針板以外的地方。

磁鐵導引器

由於內含磁鐵，因此可吸付在金屬針板上使用。

縫份導引壓布腳

安裝在壓布腳上，以螺絲將引導線調整至縫份寬度即可進行使用。

---

⑦車縫訣竅

壓布腳的抬起方式

壓布腳拉柄

厚布料無法塞入壓布腳下方時，若在抬起壓布腳的狀態下，將壓布腳拉柄上提，就能將壓布腳抬得更高。

有厚度的布料車法

使用帆布等厚布料時，只要抓住車縫要領，立刻就會變得很好車縫。此方式也適用於重疊車縫防水布料或皮革時。

②車縫完畢之後，小心地撕開牛皮紙並剝除。

牛皮紙

①在布料下放置牛皮紙一起車縫。

毛巾布

由於毛巾布容易卡住送布齒，因此墊牛皮紙再車縫，就能讓運針順暢。當車縫薄布針目縮皺時，也可以使用此方式解決。

無壓布腳腳脛螺絲的縫紉機型

夾住布料。

在布料後側夾入摺成厚度大致相同的布料，使壓布腳保持水平。

有壓布腳腳脛螺絲的縫紉機型

②將手從壓布腳腳脛螺絲移開。保持壓布腳水平，即可送布。

壓布腳腳脛螺絲

①提起壓布腳，在按住左側壓布腳腳脛螺絲（黑色按鈕）的狀態下，降下壓布腳。

車縫起點

車縫厚布料時，可能會發生壓布腳後側朝下，導致車縫起點無法前進的狀況。

簡單方正的袋型，呈現出了清新的整體印象。在此
以赤峰老師的帆船圖案原創帆布為視覺主布，皮革
提把則賦予了正統派的簡練質感。

L・表布＝10號石蠟加工帆布～Navy Blue Closet（OCEAN・帆船圖
案）#1050-15・黑色）
配布＝10號石蠟加工帆布（#1050-2・砂褐色）
裡布＝棉厚織布79號（#3300-19・山吹色）
M・表布＝10號石蠟加工帆布～Navy Blue Closet（OCEAN・帆船
圖樣）#1050-12・深藏青色）
配布＝10號石蠟加工帆布（#1050-7・OD）
裡布＝棉厚織布79號（#3300-19・山吹色）／富士金梅®（川島商
事株式会社）
提把（L・M通用）＝皮革提把40cm（BM-4116・#25焦茶色）
／INAZUMA（植村株式会社）

赤峰清香專題企劃×富士金梅® 原創帆布
每天都想使用の私藏愛包

布包作家・赤峰清香老師的原創設計帆布第2彈！
讓我們以其中一款充滿夏日海洋氣息的魅力布款——帆船圖案，
來製作男女皆宜的托持包吧！

攝影＝回里純子　造型＝西森 萌　妝髮＝タニ ジュンコ　模特兒＝Dona

(M)　(L)

profile

赤峰清香

畢業於文化女子大學服
飾學科。舉辦的布包及
小物研習班由於講解清
晰，並且能作出實用的
物品，所以深受粉絲歡
迎。最新著作《赤峰清
香的HAPPY BAGS：簡
單就是態度！百搭實用
的每日提袋＆收納包》
中文版好評發售中。
http://www.akamine-sayaka.com/

圖案取自赤峰老師的手稿，
以流行時尚的帆船，
展現洗練成熟的海洋氛圍。

「我一直都很喜歡帆船、船錨等，這
類海洋風格的圖案。」赤峰老師表示，今
年在設計原創帆布系列第2彈時，腦海
中最先浮現出的正是很早之前就想找機會
繪製於布料上的海洋圖案。「我盡我所
能，為了設計出更時尚、更大人風的海洋
圖案，底稿歷經了好幾次的重畫。」其間
終於完成了這款極力想要推薦給女性與
男性使用的「海洋・帆船（OCEAN・
YACHT）」中性圖案。而以這款帆船圖
案帆布製作的作品，正是男女皆可使用的
方形托特包。皮革製的提把×附有側身的
方正袋型，流露出洗練成熟的氛圍。請一
起動手製作帆船圖案的方形托特包，準備
迎接盛夏吧！

袋口拉鍊設計，內容物
不外露，保有隱私令人
更安心。側身加寬使袋
身更具安定感＆附有外
口袋的配置，都增加了
使用的便利性。

一次收錄 65 款基本形、多用途、口金支架、束口袋、簡易拉鍊款

超人氣波奇包製作大公開！

只需要少許的布料，馬上就能完成一個波奇包。

每天都會使用到的包包，無論擁有多少個，還是會想要作更多！

本書收錄4件方便實用又時尚高雅的波奇包全圖解示範，

並附有作法說明及原寸紙型及部分基礎技法，

即使是新手也能依照本書教學完成喜愛的包款，挑選自己心儀的布料，

搭配使用需求，多作幾個不同風格的超人氣波奇包吧！

最簡單的時尚，就是盡情展現獨一無二的自我風格，

你絕對可以成為眾人之中最閃耀的星星！

設計＆時尚同行！
手作 65 個超實用百搭波奇包
日本 VOGUE 社◎授權
平裝 112 頁／彩色＋單色
定價 480 元

29 款清新風格 × 簡約線條的
實搭手作包生活提案

★超豐富詳細作包技巧圖解

* 工具使用
* 打孔技巧
* 磁釦安裝
* 提把作法
* 肩背帶製作
* 拉鍊縫法

在日本手作界以帆布包創作引起熱門話題的人氣手作家——赤峰清香，以帆布、條紋、兩用設計，集結所有人氣要素製作29個經典款手作包，基本款的百搭布包是不退流行的最佳穿搭單品，只要在顏色與素材作點變化，也能作成男女兼用包，在包包的肩背帶上加裝D形環，亦可調節長度，可隨喜好變換成單肩包或斜背包，十分實用。除了包款的介紹，赤峰老師也在書中以圖解示範製包技巧：鉚釘安裝的技法、袋口裝飾車縫方法、基礎提把製作、調節環肩背帶製作、拉鍊縫法等，讓初學者也能看著圖片操作，立即上手啲！

本書作品皆附有詳細作法教學，內含示範實作，收錄十字花紋手提包、長形拉鍊手拿包全圖解教學，亦收錄手作包的基礎製作圖解、布料選用、基礎工具及材料介紹，適用入門的手作人作為製作包包的最佳工具書。

簡單就是態度！不需要刻意裝飾，以俐落的線條展現自我風格，自己作的手作包，寫著自己的名字，那就是專屬於你，無可取代的自信！

赤峰清香のHAPPY BAGS
簡單就是態度！百搭實用的每日提袋&收納包
赤峰清香◎著
定價 450 元
平裝 96 頁／彩色 + 單色／ 23.3×29.7cm

以家用縫紉機縫製

多色帆布手提袋

寬版的條紋＆可搭配條紋色彩的素色彩布，時尚有型的11號帆布爽朗登場！
這款帆布的厚度家用縫紉機也能處理，因此縫製範圍從布包到小物都能輕鬆對應。

攝影＝回里純子　造型＝西森 萌　妝髮＝タニ ジュンコ　模特兒＝Dona

多色帆布

「帆布」原指用來製作船帆的棉質堅韌布料，並以每1英吋範圍內所使用的紗線支數，細分為1號（厚）至11號（薄），來表示其厚度。本次介紹的藤久（株）生產的帆布為原創製作的「多色帆布」，屬於可使用家庭用縫紉機進行縫製的布款。共有標準色的條紋款＆能與其搭配的素色布款可供選擇，是能夠享受自由組合搭配樂趣的基本款（必備款）帆布。

No. 59

ITEM｜側口袋托特包
作法｜P.89

寬版的橫條紋充滿了夏日風情，呈現出一眼可見清爽風格的托特包。接縫於兩側的口袋，可用來收納瓶裝水或摺傘。

表布＝多色帆布・橫條紋（Aqua×Navy）
別布＝多色帆布・素色（Aqua）／藤久（株）

No.
61

ITEM｜雞眼釦水桶包
作 法｜P.88

以雞眼釦作為特色元素的圓底波奇包。白色橫條紋營造
出大人風的成熟印象。提把則使用了與袋底相同的素色
帆布。

表布＝多色帆布・橫條紋（White）
配布＝多色帆布・素色（Navy）／藤久（株）

No.
60

ITEM｜方形手提袋
作 法｜P.91

將橫條紋轉向為直紋進行縫製，立刻變成摩登時尚的俐
落風格。以同一塊布製作提把，並如束口袋般束緊袋
口，即可呈現出另一番風情。

表布＝多色帆布・橫條紋（Turquoise×Beige）
配布＝多色帆布・素色（Turquoise）／藤久（株）

文青最愛的帆布包，製作方法大公開！

一次擁有１９款簡約時尚的自然系手作包，
你背的包決定你的生活態度，簡單就是不敗的流行指標！

內附紙型

自然最好！車縫就OK
每一天都想背的自然風帆布包
BOUTIQUE-SHA ◎授權
定價 380 元
平裝 72 頁／彩色＋單色／21×26cm

本書收錄無論性別與年齡，任何人都可以每天使用的包款，
作品無加裝釘釦等麻煩的金屬工具，初學者也能安心製作喲！
以圖解製作的流程也解說得非常清楚，從書中挑選喜愛的手作包，
以輕鬆愉悅的心情嘗試試作看看吧！
依照每日的穿搭心情選擇喜愛的自製布包，
是專屬手作人最快樂的小事。

選擇自己喜歡的布料
作出時尚簡約的日常手作服

鎌倉SWANY第一本服裝縫紉書·嚴選31款超人氣款式

擁有超人氣包包及波奇包手作教室的鎌倉SWANY，

使用在衣服上的布料種類也很豐富喔！

也常和各品牌合作聯名，為不同服裝款式推出各式布料，

善用獨家開發素材搭配各種嶄新的設計，目前已有1000款以上的設計布料。

本書充滿了鎌倉SWANY的特有風格。

作為該店第一本服裝縫製書，從人氣款式中嚴選出31款，

除了原寸紙型之外，也介紹製作方法和穿搭技巧。

製作簡單，可以馬上穿搭，能充分感受素材觸感……

請各位試著製作看看，一定會著迷於鎌倉SWANY的特有魅力之中。

布料嚴選
鎌倉SWANY的自然風手作服
主婦與生活社◎授權
21×28.5cm·88頁·彩色＋單色
定價：420元

攝影＝回里純子　造型＝西森萌　妝髮＝タニ ジュンコ　模特兒＝Dona

No.
62

ITEM｜曲線圓口包
作 法｜P.96

以曲線狀的袋開口引人注目，與印花布色彩一致的滾邊條＆真皮提把則是營造整體感的亮點。

左・表布＝棉布・聚酯纖維〜CLARKE & CLARKE
（AMELIA・IE3179-2 GREY）
中央・表布＝棉布・聚酯纖維〜CLARKE &
CLARKE（AMELIA・IE3179-1 RASPBERRY）
右・表布＝棉布・聚酯纖維〜CLARKE & CLARKE
（AMELIA・IE3179-3 BLUE）／鎌倉SWANY

以歐洲進口布料製作

鎌倉SWANY風の
講究布包＆波奇包

以鎌倉SWANY的歐洲進口布料──

英國CLARKE & CLARKE等超人氣布品，製作布包＆波奇包，

並加入皮革提把＆滾邊條等附料，完成令人期待的優雅成品吧！

63

ITEM｜布提把祖母包
作 法｜P.97

以寬版的袋型令人耳目一新。重點在於使用了內
芯製作提把。攜帶時的柔軟質感，及可依喜好的
布料＆長度製作也是其魅力所在。

表布＝棉帆布～CLARKE ＆ CLARKE（BAILEY
Duckegg・IE3185-1）／鎌倉SWANY

64

ITEM｜半月波奇包
作 法｜P.98

半月型的拉鍊收納包，方便收納化妝品以
及縫紉用品等零散物品。藉由夾入滾邊條
的縫製細節，即可維持漂亮的袋型。

表布＝棉帆布～CLARKE ＆ CLARKE
（HUMMINGBIRD PINK・IE3177-1）
／鎌倉SWANY

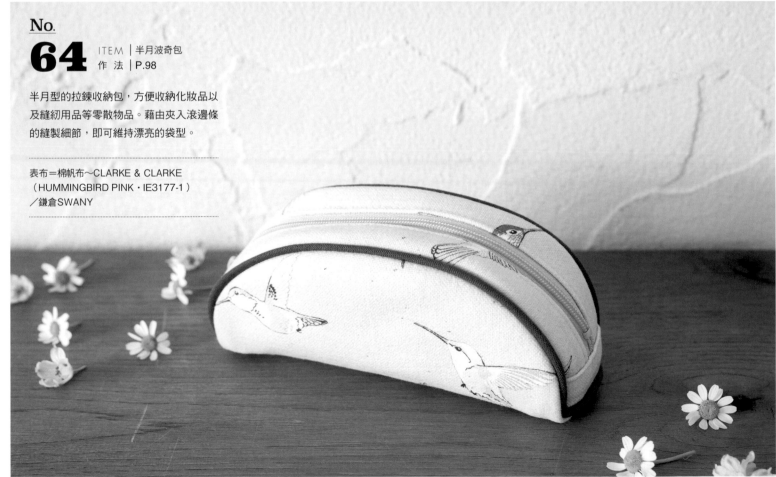

No. 65

ITEM｜壓線褶襉包
作 法｜P.99

活用初夏花卉──繡球花的圖案，加入大褶襉的托特包。提把使用了真皮皮帶增添正式感，除了休閒風格之外，也很適合搭配洋裝。

表布＝棉布・聚酯纖維 ～B&B（NEW HORTENSIA White・IN1027-1）／鎌倉SWANY

No. 66

ITEM｜梯形極簡托特包
作 法｜P.100

長版梯形的剪裁展現成熟風格。只要活用進口布料的美麗印花，簡易剪裁的袋型就很好看。在此加上細皮革提把，更進一步提升了質感。

表布＝棉布・聚酯纖維～CLARKE & CLARKE（BOTANICAL BOUQUET・IE3176-1）／鎌倉SWANY

COMPAL 900 & Scan N Cut DX

×

くぼてらようこ老師

今天，要學什麼布作技巧？

~雨天托特包~

布物作家・くぼてらようこ老師，使用了Brother縫紉機COMPAL900×Scan N Cut，製作了最適合接下來即將進入的梅雨季所使用的托特包。請一起享受異素材的車縫方式，及Scan N Cut的圖案製作吧！

攝影＝回里純子　プロセス・機器攝影＝島田佳奈　造型＝西森 萌

(S)

(M)

profile

くぼてらようこ老師

自服裝設計科畢業後，任職於該校教務部。2004年起以布物作家的身分出道。經營dekobo工房。以布包、收納包和生活周遭的物品為主，製作能作為成熟簡約穿搭重點的日常布物。除了提供作品給縫紉雜誌之外，也擔任體驗講座和Vogue學園東京校・橫濱校的講師。

http://www.dekobo.com

No. 67

ITEM｜雨天托特包S・M
作法｜P.101

以今夏的焦點素材，PVC果凍布＆尼龍布搭配組合而成的托特包。分別製作尼龍內袋＆PVC外袋，再將以Scan N Cut製作的皮革圖案，重點式地貼在喜歡的位置就完成了！

M・表布＝休閒尼龍布
（HMF-08・G）
S・表布＝休閒尼龍布
（HMF-08・PA）／清原（株）
配布＝PVC果凍布 透明
（PVI-1）／日本紐釦貿易（株）

使用特滑壓布腳，
無論是尼龍布或塑膠布皆可漂亮車縫

車縫尼龍布或PVC塑膠等，難以送布且不易車縫的材質
時，特別推薦「特滑壓布腳」。由於是以滑順度高的塑
膠材質製作的壓布腳，因此送布特別順暢。也很建議在
車縫皮革或塑膠塗層布料時使用。

特滑壓布腳
型號：F007N（水平釜專用）

COMPAL 900

CPF3001
JNA CODE：4977766741132
高30cm 寬48cm 深24.9cm
重量9.5kg（未安裝輔助桌時）

PVC果凍布
都能流暢地車縫
COMPAL 900

車線美麗，就算是PVC塑膠材質
也能漂亮縫製！

一旦車縫過一次便會殘留針孔，無法重新車
縫的PVC塑膠材質，使用以縫線穩定著稱的
COMPAL900就能車出針目平均的漂亮成
品。

Scan N Cut DX
スキャンカット

SDX1200
JAN CODE：4977766796163
高17.3cm 寬53.1cm 深21.5cm
重量6.5kg（本體）

以 Scan N Cut DXで
添加くぼでらようこ老師
設計的標誌

利用無需使用剪刀或刀
片就能漂亮切割材料
（紙、布、皮、塑膠片等）
的切割機Scan N Cut
DX，試著製作くぼでら
ようこ老師設計的符號
標誌，並裝飾黏貼在樸素的雨天托特包上吧！

Scan N Cut DX的操作方式

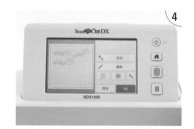
4

3

2

1

在掃瞄器讀取過的材質上，將檔案排列
於喜歡的位置。由於本次為合成皮，因
此須使圖案左右反轉。

在切割墊上黏貼上想裁切的材質（本期作
品為合成皮，因此將正面貼附於黏著
面），再以掃瞄器讀取材質。

讀取USB隨身碟中的設計資料，再從液
晶螢幕上選擇喜歡的設計。

從Boutique社的網頁下載くぼでらよう
こ老師設計的「D&B設計圖案」，存
入USB隨身碟中，再連接到Scan N Cut
DX。

可下載くぼでらようこ老師
設計的裁片檔案！

くぼでらようこ老師設計的Scan N Cut專用圖案限時下載。
點開Cotton Friend Blog內的「D & B設計圖案」吧！
https://www.boutique-sha.co.jp/cottonfriendblog/
※請注意，由於是Scan N Cut的專用檔案，因此無法以個人電腦等
設備進行列印等應用。

7

完成！

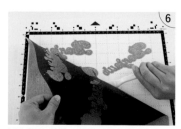
6

以內附的刮板，將裁切好的圖案仔細剝
下。

5

開始切割，接下來就交給Scan N Cut
DX吧！

民族風 × 時尚感
一起來玩小巾刺繡の可愛幾何學

藉由隨意組合基礎花樣，創造出大片美麗的幾何圖形，
就能完成自然質樸又充滿變化樂趣的作品。

可愛北歐風の小巾刺繡
47個簡單好作的日常小物
BOUTIUQE-SHA ◎授權
平裝／72 頁／21×26cm
彩色＋單色／定價 280 元

BRAND| Marimekko

1951年誕生於芬蘭的設計工作室Marimekko。獨具特色的圖案＆用色廣受好評，在世界各地擁有許多愛好者。本期特別在為數眾多的Marimekko圖案之中，挑選適用於手作的花紋和色彩樣式，並提供零碼布尺寸可供選購的精選布款進行製作。

No. 68

ITEM | 旅行手提袋
S・M・L
作法 | P.102

圍繞著掀蓋縫上一圈拉鍊的手提箱型包包。旅行時整理零散衣物，或收納房間小物都很好用。

S・表布＝棉布～Marimekko Cut Cloth
（Mini Unikko・126-03-002-001）※使用1片
M・表布＝棉布～Marimekko Cut Cloth
（Mini Unikko・126-03-002-002）※使用1片
L・表布＝棉布～Marimekko Cut Cloth
（Mini Unikko・126-03-002-006）
提把（S・M・L共通）＝軟質皮革提把
約寬40mm×50cm
（JTM-K57 #776・焦糖色）／Yuzawaya

Marimekko印花布料
映襯繽紛初夏の每日手作包

使用來自北歐芬蘭的人氣織物品牌Marimekko的布料，
製作實用性強的夏季款提包吧！

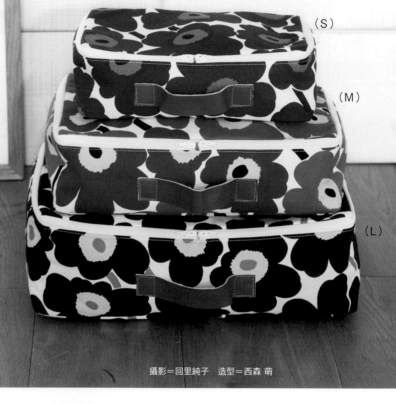

(S)
(M)
(L)

攝影＝回里純子　造型＝西森 萌

───── Mini Unikko ─────

[Marimekko 織品]

材　質：100%棉
生產國：芬蘭

Rasymatto

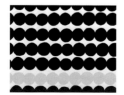

Lintukoto

───── Kompotti ─────

Puketti

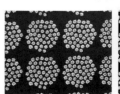 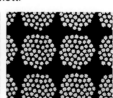

No. 70

ITEM | 祖母包
作 法 | P.104

使用了帶有夏日風情的竹提把祖母包。附有側幅的圓潤袋型十分時髦，是搭配浴衣也相當合適的設計。

表布＝棉布～Marimekko Cut Cloth（Rasymatto・126-03-004-002）※使用2片
提把＝竹節提把（AZYT-4）／Yuzawaya

No. 69

ITEM | 皮革提把肩背包
作 法 | P.103

具有優雅弧度的底部，穩定感依然安定可靠。可肩背的皮革提把是裝飾亮點。A4尺寸的雜誌都能輕鬆放入，大容量尺寸也是優秀的加分點。

表布＝棉布～Marimekko Cut Cloth（Kompotti・126-03-006-002）※使用2片。
提把＝軟質皮革提把
約寬40mm×50cm（JTM-K57 ＃754・橡木色＆JTM-K57 ＃756木炭色）／Yuzawaya

24個令人最想擁有的麻繩編織包

本書收錄了多種設計款式的手袋，以純麻繩鉤織＆加入異素材進行鉤織為兩大單元主題，為你提供更加豐富的創作提案。
純色的麻編包散發著溫潤質樸的氛圍，與任何衣著穿搭都是能為品味加分的百搭單品。
將麻繩與不同素材混搭編織而成的手袋，則將經由顏色的調和誕生出全新的色彩魅力；
且即使是相同的針數、段數，混編作品可織得較大，親膚的柔軟觸感更是令人愛不釋手。
請組合你喜愛的顏色，創作出專屬於你的獨家手袋吧！

**自然優雅・
手織の麻繩手提袋＆肩背包**
朝日新聞出版◎授權
平裝／96頁／21×26cm
彩色／定價350元

手藝設計師・福田とし子老師製作的時尚換裝布娃娃 Natasha，以夏日最新的時尚造型登場。連細節都很講究的小物運用也很亮眼吧！

NATASHA'S SUMMER LETTER

享受換裝樂趣の布娃娃 Natasha の夏天訊息
～福田とし子 handmade ～

攝影＝回里純子　スタイリスト＝西森 萌

No. 71 ITEM｜Natasha 娃娃主體
作 法｜P.105

No. 72 ITEM｜頭髮・服裝
作 法｜P.107

在春季號中初次登場的換裝布娃娃 Natasha，本期換上了夏日的裝扮！以蓬蓬紗裙×馬甲的時尚打扮，搭配馬爾歇提籃包增添休閒感，Natasha 是不是很適合耀眼的夏日陽光呢！（本期比春季號的娃娃主體，腿部加長 2cm。）

profile

福田とし子老師

手藝設計師。個人作品收錄於多本以刺繡、針織、布小物為主題的手作書。

以福田老師因個人喜愛創作而生的手縫布娃娃為主角，透過為期一年的時間，將在此為你介紹 Natasha 娃娃的時尚穿搭。

https://pintactac.exblog.jp/

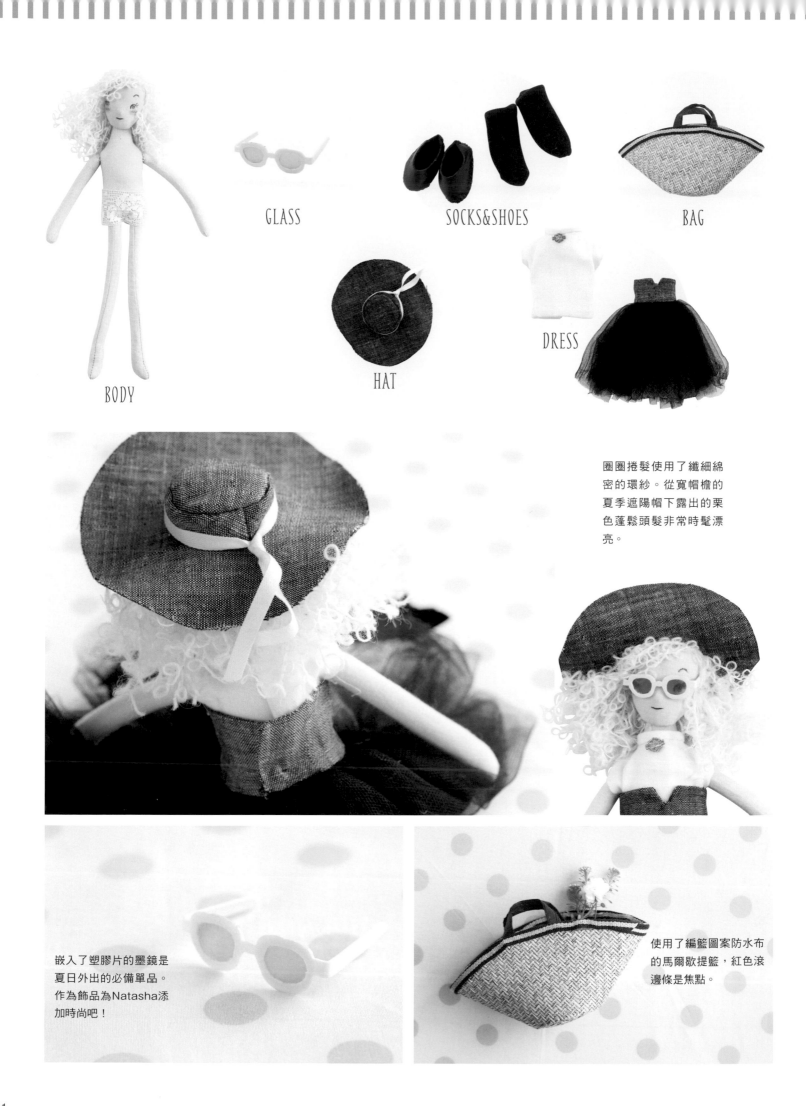

GLASS

SOCKS&SHOES

BAG

BODY

HAT

DRESS

圈圈捲髮使用了纖細綿密的環紗。從寬帽檐的夏季遮陽帽下露出的栗色蓬鬆頭髮非常時髦漂亮。

嵌入了塑膠片的墨鏡是夏日外出的必備單品。作為飾品為Natasha添加時尚吧！

使用了編籃圖案防水布的馬爾歇提籃，紅色滾邊條是焦點。

以TIRE絹穴線製作
梭編蕾絲飾品

梭編蕾絲具有一開始投入製作，就令人深陷其中的魅力。
以柔軟＆色彩豐富，散發優雅光澤感的TIRE絹穴線，
享受梭編蕾絲的樂趣吧！

攝影＝回里純子　造型＝西森 萌　排版＝松本真由美　作品製作＝相崎美帆

No. 73

ITEM｜手環	ITEM｜花冠	ITEM｜項鍊	No. 73 ITEM｜耳環
（參考作品）	（參考作品）	（參考作品）	作 法｜P.53

ITEM｜手環
（參考作品）

綠色的葉片是以環＆橋作出長於手圍的
長度，再一圈一圈繞起增加份量感。最
後再一邊檢視整體平衡，一邊加上與耳
環相同的花蕾。

線材＝TIRE絹穴線（14‧23‧36‧37‧41
‧78‧81‧89‧131‧134‧149‧203）
／（株）FUJIX

ITEM｜花冠
（參考作品）

在鐵絲底座上一圈圈地纏繞上布料、蕾絲和線
束，再妝點上梭編蕾絲。製作＆加上許多與本
單元其他飾品相同的花朵＆葉片，並增加用色
展現繽紛華麗。

線材＝TIRE絹穴線（14‧23‧29‧31‧36‧37
‧41‧61‧78‧81‧83‧89‧101‧131‧132
‧134‧145‧149‧203）／（株）FUJIX

ITEM｜項鍊
（參考作品）

藉由環×橋編組成三葉草形狀，
並以變化色彩的製作方式，將葉
片表現出花朵般的氛圍。

線材＝TIRE絹穴線（31‧78‧81
‧83‧131‧134‧145‧149‧
203）／（株）FUJIX

No. 73 ITEM｜耳環
作 法｜P.53

包覆著珍珠的花蕾飾品非常可
愛。左右耳環選用不同色彩的
線，呈現出華麗的印象。詳細的
步驟圖解參見P.53。

線材＝TIRE絹穴線（左／36‧右／
134）／（株）FUJIX

No.73 耳環作法

使用工具

TIRE絹穴線　　牙籤　　線剪　　梭編蕾絲用梭子

梭編蕾絲用梭子／線剪／牙籤（無溝槽，或將溝槽處摺斷使用）／TIRE絹穴線／其他 手藝用白膠

基礎針法

耳　表裡結
表結　裡結

作法圖

•：起針
→：收針
數字：表裡結的目數
○：耳
＝：接耳

環

【絹線 TIRE】Q&A

Q1 絹線的特色是？

以熱煮蠶繭取出的生絲為原料，由於是長纖維，因此質感滑順。不但具有光澤，韌性和柔軟度也極富魅力。

與絲&羊毛等動物性材質的適性極高，是製作和服&套裝時不可欠缺的線材。

Q2 為何推薦在梭編蕾絲中使用TIRE絹穴線？

TIRE絹穴線的線條粗細適中，是梭編蕾絲的初學者也容易使用的16號線。撚度不會太鬆，也幾乎不會起毛，因此在編織耳等步驟時，不易斷線。也由於有121色的豐富色彩可供選擇，特別適用於色彩表現細緻的梭編蕾絲作品。

1.捲線方式

④左手固定線球側的線段，右手拉動梭子，將線結拉入梭子內。

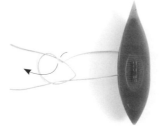

③依圖示將線端穿過線圈之中。

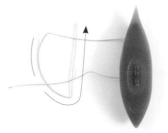

②以上方的線端繞一個線圈。

梭子
梭孔

①將線穿入梭子中心的梭孔內，再將穿過的線從梭子上方繞向身體側。

2.掛線的方法

②右手拇指&食指固定梭子，將線繞過左手中指掛線。

梭子側
線頭側

①以左手食指&拇指捏住距離線頭約15cm處。

⑥線捲至不會凸出梭子的程度後，剪線。

⑤以逆時鐘方向將線捲在梭子上。

3.表結的作法

②梭子穿過左手線段下方。

①將線繞過右手小指掛線，掌心翻向外側，再依箭頭指示使梭子穿過左手食指&中指之間的線段下方。

約20cm

④以右手轉動梭子，將線拉出約20cm。

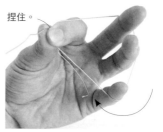

捏住。

③將線繞過左手小指，再次以食指&拇指捏住線條。

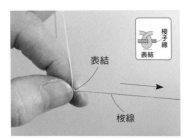 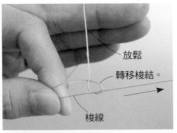  

| | | | 梭子線 表結 |

⑥拉動梭子，收緊纏繞的左手線，使其移動靠近左手食指即完成一個表結。

⑤拉梭子的同時放鬆左手線，以梭子線作為芯線，使左手線纏繞芯線的狀態稱為「梭結的轉移」。
放鬆
轉移梭結。
梭線

④梭子再滑過左手線上方，往回穿過右手線圈，回到近身側。

③使梭子滑至左手線後方。

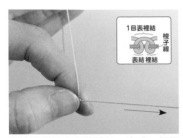 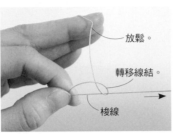  

4.裡結的作法

| | | | 1目表裡結 梭子線 表結 裡結 |

④拉動梭子＆收緊線結，完成一個裡結。表結＆裡結合稱為表裡結，需以此作為1目進行計算。

③以表結相同作法拉動梭子，放鬆左手線，移動線結。
放鬆。
轉移線結。
梭線

②穿過左手線下方，梭子回到近身側。

①將梭子滑過左手食指＆中指之間的線段上方。

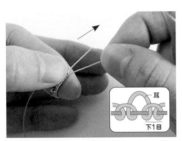 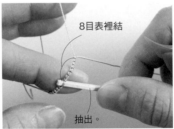 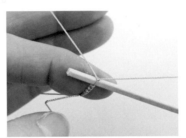 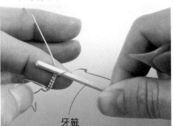

5.耳的作法

④壓住最後1目，拉緊梭線。耳＆後8目完成！
耳
下1目

③抽出牙籤。
8目表裡結
抽出。

②緊靠著牙籤，繼續編織8目表裡結。

①編織6目表裡結後，在左右手線之間放一根牙籤。
牙籤

7.接耳的作法

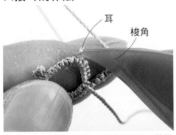 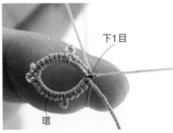 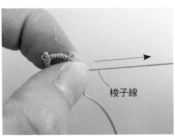

6.製作環

①完成6目表裡結後，進行接耳。將梭角穿入隔壁環的耳中。
耳
梭角

③製作下1目時，緊貼著環的根部進行編織。
下1目
環

②以手指壓住最後一目，收緊梭子線作出環。
梭子線

①請參見作法圖編織指定目數的耳＆表裡結。在編織過程中感覺左手線圈變小不易操作時，壓緊一開始的結目＆將左手小指側的線往下拉，就能讓線圈擴大。
小指側的線

8.收尾

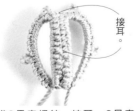  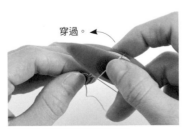 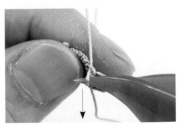

①編織8目表裡結、接耳、2目表裡結、耳、8目表裡結、耳、6目表裡結，拉緊梭子線作成環。至此即完成了2個環。
接耳。

④拉梭子，收緊線。

③將梭子穿過拉出的線圈中。
穿過。

②以梭角挑左手線，穿過耳中拉出。

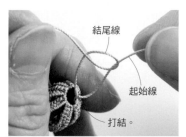

⑤在打結處塗上白膠。　白膠

④於打結處邊緣剪線。　剪斷。

③將起始線＆結尾線打2次結。　結尾線　起始線　打結。

②參見作法圖，完成編織6個環。

9.耳環的加工

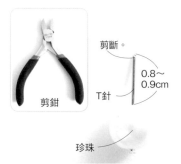

剪斷。　0.8～0.9cm　T針　剪鉗　珍珠

①將T針穿入珍珠中，在距離珍珠0.8至0.9cm處以剪鉗剪斷。

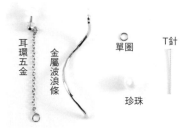

耳環五金　金屬波浪條　單圈　T針　珍珠

材料（單隻耳環）
T針（15mm）1根／單圈（2mm）1個
珍珠（6mm）1個
金屬波浪條（4cm）1根
耳環五金（鍊長約3cm・附C圈）1個

⑦完成！若要作成一對耳環，再以相同作法製作另一個。

牙籤

⑥將牙籤尖端穿入結目中。

梭編作品　珍珠

⑤放入加上T針的珍珠。

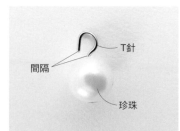

T針　間隔　珍珠

④不要完全彎折T針，稍留一點空隙。

③夾住T針尾端，朝②彎折的相反方向，順著圓嘴鉗捲一個圓弧。

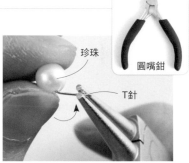

珍珠　T針　圓嘴鉗

②以圓嘴鉗將T針摺成直角。

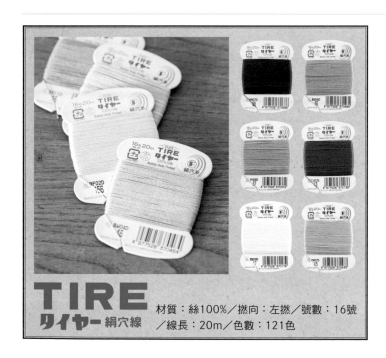

TIRE
タイヤー 絹穴線
材質：絲100％／撚向：左撚／號數：16號
／線長：20m／色數：121色

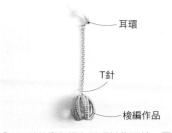

耳環　T針　梭編作品

⑦以T針的彎勾掛在耳環鏈條下端，再確實閉合④預留的空隙。

T針

⑥從上方洞中拉出T針。

⑨完成！另一隻耳環作法亦同。

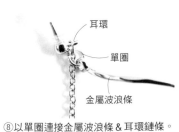

耳環　單圈　金屬波浪條

⑧以單圈連接金屬波浪條＆耳環鏈條。

巧用做花器編織
輕盈夏季の可愛花朵飾品

做花器 Flower loom 的 loom 即意指「編織機」。
以各種做花器搭配上喜歡的材料，就能夠作出適合夏季的可愛單品。

攝影＝回里純子、造型＝西森萌

Earrings

Pin

Bag

Bracelet

Pin：以零碼布呈現可愛手作感的髮飾。將喜歡的布料剪成條狀，即可進行製作。※使用做花器〈迷你〉
Earrings：以純色的紅引人注目，華麗妝點耳畔的耳環。※使用做花器・梭編蕾絲線
Bracelet：參考做花器內附的使用說明書，以草履接合（わらじかがり）編織法，製作出變化性的花朵飾品。
　　　　※使用做花器〈迷你〉・梭編蕾絲線
Bag：裝飾上繽紛花朵的提籃。以仿拉菲草的線材質感，傳遞夏日清爽感。※使用做花器・仿拉菲草織帶

做花器的基本用法

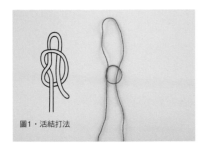

圖1・活結打法

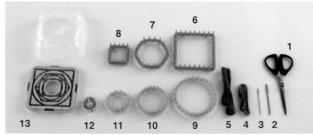

準備工具＆材料

1	剪刀	8	四角框（小）
2	彎尖毛線縫針	9	圓框（大）
3	No.13縫針	10	圓框（中）
4	接合用線	11	圓框（小）
5	花瓣用線	12	蓋子
6	四角框（大）	13	台座
7	六角框		

※2・6至13為做花器的內容配件。

---

❹

在所有繞線柱上繞線。繞線時請保持線材呈繃緊的狀態，避免鬆弛。

❸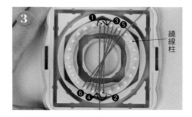

從編織框繞線柱的左側往右回轉繞線，再筆直地於對向側❷的繞線柱往右回轉繞線。以❸→❹→❺……的順序持續繞線。

❷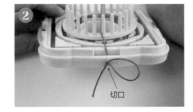

如圖1將線頭打活結後，使線結卡入台座切口處進行定位。

❶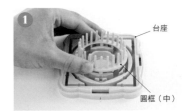

將要使用的編織框（在此使用圓框・中）嵌入台座中。

❽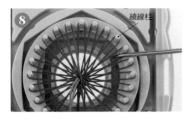

毛線縫針自中心出針後，穿進繞在繞線柱上的線圈（花瓣圈）中，從台座背面出針。請避免於兩線圈（花瓣圈）之間入針。

❼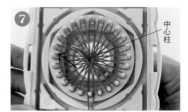

將接合用線穿入彎尖毛線縫針中，從台座背面穿入花朵中心，由正面出針。並在台座背後預留約10cm線頭備用。

❻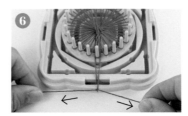

將起始線＆最終尾線往兩側拉緊，打一個固定結。尾線線端保留約10cm長度，剪掉多餘部分。

❺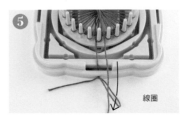

將繞完的線頭穿入以步驟❷的活結線圈中，暫時固定。

⓬

將接合用線的線頭相互打結。

⓫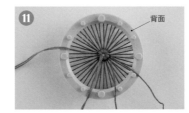

翻至背面處理線頭。讓縫合用線＆花瓣用線於背面側出線。

❿

全部花瓣接合完成後，將編織框從台座上取出。

❾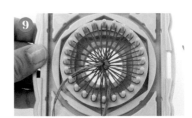

重複步驟❼、❽，將所有花瓣以順時針方向接合一圈。建議在穿縫接合用線（花蕊）的同時，也自背面拉緊接合用線保持內圈花蕊的穩定，就能完成漂亮的作品。

⓰

完成！

⓯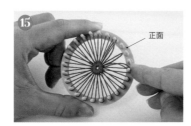

從編織框上慢慢地取下花瓣。

⓮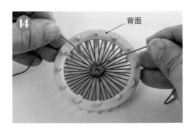

花瓣用線也以相同方式在背面側收尾。

⓭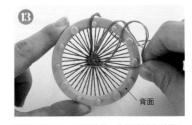

將線頭穿入No.13縫針後，穿縫過接合針目＆剪線。（在此使用細線，亦可依線材以不同的縫針進行。）

做花器

貨　號：57-965

組合內容：
・六角框1個
・四角框（大・小）各1個
・圓框（大・中・小）各1個
・中心柱1個
・台座1個
・蓋子1個
・彎尖毛線縫針1支

做花器〈迷你〉

貨　號：57-966

組合內容：
・圓框 1個
・方框 1個
・縫針（No.13）1支
・說明書

方便好用又有趣の裁縫工具

走一趟展覽會＆手藝店，就能發現許多便利又有趣的裁縫工具。

本次精選推薦了10件商品，一起來看看它們的特色妙趣吧！

攝影＝腰塚良彥・島田佳奈

file No.02

真令人懷念～
油蠟色鉛筆
針線組

在小學時用過櫻花牌油蠟色鉛筆！有這樣回憶的人是不是很多呢？在此懷舊推薦──油蠟色鉛筆樣式的針線組。在寬約12.6×長9.5×高4.6cm的馬口鐵盒中裝入縫紉的基本工具，不僅隨身攜帶方便，作為禮物也很討喜。

DATA
商品名：油蠟色鉛筆
　　　　針線組
內容：針插・自動收線捲尺
　　　（1m）・不鏽鋼剪刀・
　　　聚酯纖維細線（6色）・
　　　珠針（10支）・縫針組
　　　（10支）
洽詢：（株）home craft

file No.01

擅長收納的Mr. Bobbin！
Mr.Bobbin

製作成微笑人形的這個配件被命名為Mr.Bobbin。是可以將相同顏色或種類的車縫線＆梭子整合收納的工具。只要在車縫線線軸上插入Mr.Bobbin，再將梭子裝設於Mr.Bobbin的頭部即可。似乎可以預期縫紉機周圍會變得很清爽呢！

DATA
商品名：Mr.Bobbin
顏色：粉紅色・藍色・黃色
內容：8個／1包
洽詢：清原（株）

file No.04

一物兩用！
2way拆線刀

推動滑鈕，即可將拆線刀的金屬部分收入把手中，簡單推出則能直接用來拆線的便利工具。拆線＆剪線，兩種工作用這一支就能搞定！無論隨身攜帶，或常備在縫紉工作台上，只要有一支就非常好用的拆線刀。

DATA
商品名：2way 拆線刀
洽詢：Clover（株）

file No.03

可愛又好剪！
Sewline・手藝用剪刀

手柄部分是粉紅色蝴蝶！不僅外表可愛，不負製造產地岐阜縣關市「刀刃之鄉」之名，也是切割性能優越的實用剪刀。手柄為立體設計，無論慣用左手或右手者皆能使用。就算進行縫份剪牙口＆修邊等精密作業，這把剪刀都能靈活運用！

DATA
商品名：Sewline
　　　　手藝用剪刀
尺寸：長135mm
洽詢：（株）BESTEK

file No.06

背包吊飾？
鑰匙圈捲尺

防身哨？還是某種遙控器？不！這個鑰匙圈無庸置疑的是捲尺。由生產許多精良縫紉工具諸稱的德國所製作的鑰匙圈捲尺。正面以公分為單位，背面則以英吋標示，這點也相當有意思。

DATA
商品名：Hoechstmass
　　　　鑰匙圈捲尺
尺寸：直徑40mm
洽詢：袖山（株）

file No.05 漂亮地翻出筆直邊角！

邊角整形
角落翻摺骨筆

大家的針線盒中是否都擁有一支骨筆呢？分開縫份、作記號、壓出摺線……有1支骨筆，縫製作業就會非常方便。本次介紹的這支骨筆前端尖銳，在將縫成袋狀的布料翻面時，能夠漂亮地翻出邊角，是用過一次就會愛上的人氣商品。

DATA
商品名：邊角整形 角落翻摺骨筆
尺寸：長125mm
洽詢：袖山（株）

file No.08

外形像玩具，
非常方便！
穿線器

造型好像迷你玩具車一般可愛，但卻是貨真價實的穿線器！只要把縫針的針孔朝下，插在兩端煙囪般的凸起上，再掛上線材＆滑動把手，即可簡單地完成穿線。就連刺繡針也OK，最多可穿入6股線。即使放在針線盒中，義大利式的鮮明色彩也能立刻吸引目光。

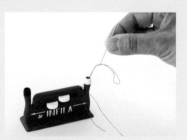

DATA
商品名：義大利製穿線器
尺寸：約長6.5×高4cm
洽詢：macchina（株）

file No.07 便利的紅色甜甜圈！

梭子保存盒

雖然形似套圈圈遊戲的套環，但它可是方便的裁縫用品之一唷！只把容易四散各地的梭子放入環狀凹槽內，即可清爽整潔地集中收納。整體為橡皮材質，無論何種尺寸的梭子都能合身置入，最棒的是梭子上纏繞的線材色彩也能一目瞭然。

DATA
商品名：梭子保存盒
尺寸：直徑13cm
洽詢：macchina（株）

file No.10

加油！鯉魚隊
鯉魚隊必勝！梅花待針

file No.09球場型針插的姊妹商品。以鯉魚隊男孩、紅頭盔、制服為設計圖案的梅花待針套組。廠商的開發者還分享了使用方式：「在鯉魚隊男孩背面寫上喜歡的選手背號，應援加油吧！」由於是老字號品牌Tulip的商品，優良的品質也很值得期待。

DATA
商品名：鯉魚隊必勝待針
內容：48mm梅花待針5支
洽詢：Tulip（株）

file No.09 鯉魚隊之愛大爆發！

附鯉魚隊男孩待針的
「球場型針插」

廣島鯉魚隊的球迷＆非球迷的人都注意！來自「手縫針」著名產地，廣島的老字號縫製品牌Tulip，以對鯉魚隊的滿腔熱愛特製的附待針針插。你要不要也收藏一組球場造型的針插＋鯉魚隊男孩待針的套組，祈禱鯉魚隊的優勝呢？

DATA
商品名：附鯉魚隊男孩梅花待針的
　　　　「球場型針插」
內容：球場型針插1個．48mm鯉魚隊男孩待針5支．毛氈球2個
洽詢：Tulip（株）

透過大人風的優雅花草圖案，
學會針法應用的原則 & 訣竅！

同樣是花瓣或葉片，以不同針法刺繡時，分別該注意哪些要點才能繡出漂亮的圖案？

重疊的花瓣該從哪裡開始繡比較妥當？葉尖如何繡得鋒利鮮明？曲線要怎麼繡得緊密好看？

透過case by case的示範教學，讓你掌握刺繡的進階技巧！

西須久子老師多年經驗所累積出的心得，在此濃縮為20堂最能廣泛運用的精華課程。

刺繡教室：20堂基本&進階技法練習課

西須久子◎著

平裝／104頁／21×14.8cm

彩色＋單色／定價：320 元

製作方法
COTTON FRIEND 用法指南

作品頁

一旦決定好要製作的作品,請先確認作品編號與作法頁。

作品編號

頁數

原寸紙型

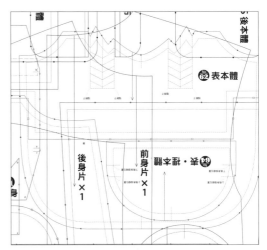

原寸紙型共有A・B兩面。

依作品編號&線條種類尋找所需紙型。
紙型 已含縫份 。
請以牛皮紙或描圖紙複寫粗線後使用。

作法頁

翻至作品對應的作法頁,依指示製作。

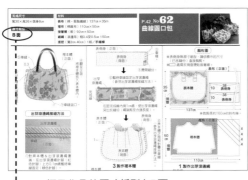

標示作品的原寸紙型在B面。

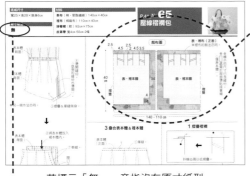

無原寸紙型時,請依「裁布圖」製作紙型或直接裁布。標示的數字 已含縫份 。

若標示「無」,意指沒有原寸紙型,請依標示尺寸進行作業。

本書使用的接著襯

Ⓥ=日本Vilene(株)　　Ⓢ=鎌倉Swany(株)

接著鋪棉	包包用接著襯		極厚	厚	中薄	薄

接著鋪棉
單膠鋪棉・柔軟 ウリSママ
(MK-DS-1P)／Ⓥ
單面有膠,可熨斗燙貼,成品觸感鬆軟且帶有厚度。

包包用接著襯
Swany Medium／Ⓢ
偏硬有彈性,可讓作品擁有張力與保持形狀。

Swany Soft／Ⓢ
從薄布到厚布均適用,可使作品展現柔軟質感。

極厚
接著襯 アウリSママ
(AM-W5)／Ⓥ
厚如紙板,但彈性佳,可保持形狀堅挺。

厚
接著襯 アウリSママ
(AM-W4)／Ⓥ
兼具硬度與厚度的扎實觸感。有彈性,可保持形狀堅挺。

中薄
接著襯 アウリSママ
(AM-W3)／Ⓥ
有張力與韌性,兼具柔軟度,可製作出漂亮的皺褶與褶襉。

薄
接著襯 アウリSママ
(AM-W2)／Ⓥ
薄,具有略帶張力的自然觸感。

完成尺寸	材料	
寬約30×高約10cm	表布（短手巾・ひめ丈）35cm×50cm 1片	
	配布（亞麻布）25cm×55cm	
原寸紙型	FLATKNIT拉鍊 20cm 1條	
無	皮革條 寬0.5cm 40cm	

糖果波奇包

3.完成！

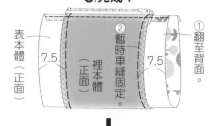

表本體（正面）

7.5　② 暫時車縫固定。　7.5

裡本體（正面）

① 翻至背面。

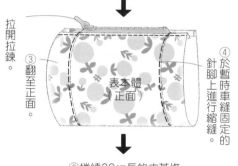

拉開拉鍊。

③ 翻至正面。

表本體（正面）

④ 於暫時車縫固定的針腳上進行縮縫。

⑥ 捲繞20cm長的皮革條，再以白膠黏固定。

表本體（正面）

⑤ 抽拉縮縫的縫線。

2.接縫拉鍊

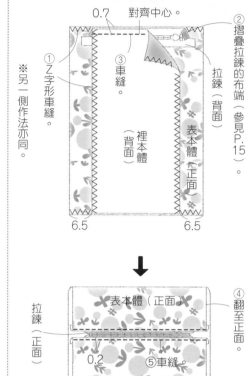

0.7　對齊中心。

※另一側作法亦同。

① Z字形車縫

③ 車縫。

裡本體（背面）

拉鍊（背面）

② 摺疊拉鍊的布端（參見P.15）。

表本體（正面）

6.5　6.5

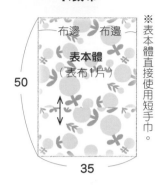

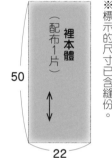

拉鍊（正面）

表本體（正面）

④ 翻至正面。

0.2　⑤車縫。

1.裁布

布邊　布邊

表本體（表布1片）

50

35

※表本體直接使用短手巾。

裡本體（配布1片）

50

22

① 裁剪裡本體。

※ 標示的尺寸已含縫份。

完成尺寸	材料	
寬26×直徑16cm	表布（長手巾）35cm×90cm 1片	
	藤籃（直徑16cm 高7cm）1個	
原寸紙型	圓繩 粗0.5cm 100cm	
A面		

藤籃底束口包

3.穿入束口繩

5

1.5

① 車縫。

束口繩穿入口　束口繩穿入口

本體（正面）

底（正面）

束口繩穿法

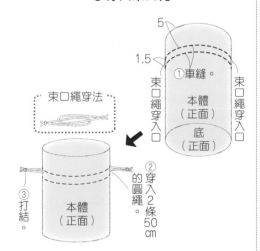

③ 打結。

② 穿入2條50cm的圓繩。

本體（正面）

4.接縫藤籃

② 接縫。

本體（正面）

① 將本體放進藤籃內。

藤籃

藤籃尺寸

16

7

2.製作本體

本體（正面）

13.5

① 車縫。

1.5cm束口繩穿入口

本體（背面）

束口繩穿入口

1　1

⑤ 依7cm→1.5cm寬度三摺邊。

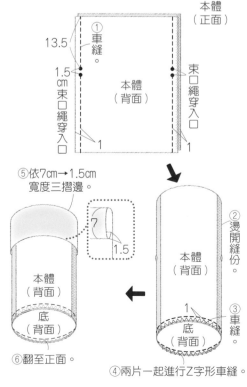

7

1.5

本體（背面）

② 燙開縫份。

本體（背面）

底（背面）

1

③ 車縫。

⑥ 翻至正面。

④ 兩片一起進行Z字形車縫。

1.裁布

※本體無原寸紙型，請依標示的尺寸（已含縫份）直接裁剪。

35

27

35.5

本體

① 裁剪。

② Z字形車縫。

布邊

90

本體

35.5

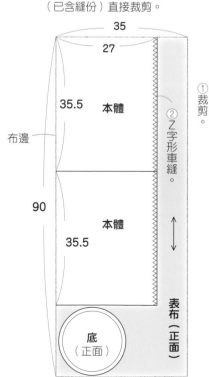

底（正面）

表布（正面）

62

完成尺寸	材料	
胸圍：138.2cm 衣長：44cm	表布（長手巾）35cm×90cm 2片	P.07_No.**03** **套頭衫**
原寸紙型		
無		

1.製作本體

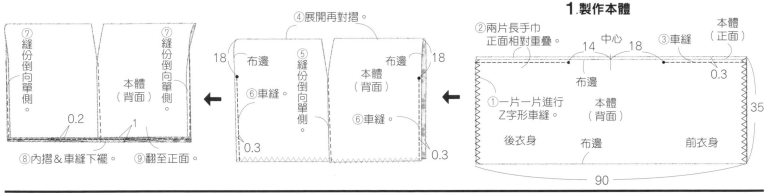

⑦縫份倒向單側。
⑦縫份倒向單側。
本體（背面）
0.2
1
⑧內摺&車縫下襬。
⑨翻至正面。

④展開再對摺。
布邊
18
⑤縫份倒向單側。
本體（背面）
⑥車縫。
布邊
18
本體（背面）
⑥車縫。
0.3
0.3

②兩片長手巾正面相對重疊。
14 中心 18
③車縫
本體（正面）
0.3
布邊
①一片一片進行Z字形車縫。
本體（背面）
35
後衣身 布邊 前衣身
90

完成尺寸	材料	
寬35×高76cm	表布（長手巾）35cm×90cm 2片 掛布桿 1組	P.08_No.**04** **壁掛收納袋**
原寸紙型		
無		

2.製作口袋

②摺疊三邊
口袋（背面）
①依1cm→2cm寬度三摺邊車縫
0.2
口袋（背面）
1
※製作3片

3.製作本體

①依1cm→6cm寬度三摺邊車縫
0.2
本體（背面）
另一片長毛巾
0.2

1.裁布

35
24
19 口袋
19 口袋
19 口袋
90
（正面 表布）

※①裁剪口袋。
※②另取一片長布巾作為本體底襯。
※標示的尺寸已含縫份。

⑤上下布邊夾上掛布桿。
中心
10
0.2
口袋（正面）
本體（正面）
②車縫。
6.5
0.2
正面口袋
③車縫
0.2
6.5
5
口袋（正面）
④車縫
0.2

完成尺寸	材料	
寬20×高11cm	表布（PVC透明果凍布）60cm×30cm 羽毛 適量 彈簧壓釦 1mm 1組	P.20_No.**41** **透明波奇包**
原寸紙型		
B面		

3.安裝彈簧壓釦

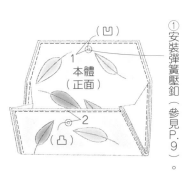

①（凹）
1
本體（正面）
②安裝彈簧壓釦（參見P.9）。
2
（凸）

2.車縫側身

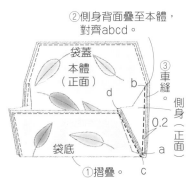

②側身背面疊至本體，對齊abcd。
袋蓋
本體（正面）
③車縫
b
d
0.2
側身（正面）
a
袋底
①摺疊。
c
②車縫。
0.2

1.製作本體

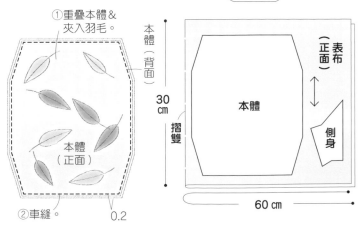

①重疊本體&夾入羽毛。
本體（背面）
③車縫
本體（正面）

裁布圖

本體（背面）
30cm
摺雙
本體
側身
（正面 表布）
60cm

完成尺寸	材料
寬66×高38×側身12cm	表布（長手巾）35cm×90cm 2片
	裡布（亞麻布）75cm×95cm
原寸紙型	提把用織帶 寬3.5cm 60cm／單圈 直徑4cm 2個
無	磁釦（手縫型）14mm 1組

1.裁布
※標示的尺寸已含縫份。

①裁剪裡本體。

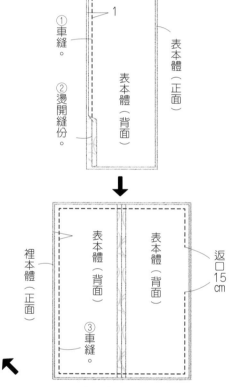

裡本體（裡布1片）
90 / 68

布邊
表本體（表布2片）
90 / 35

※表本體直接使用。2片長手巾。

2.製作本體

①車縫。 1
②燙開縫份。
表本體（正面）
表本體（背面）

裡本體（正面）
③車縫。
表本體（背面）
表本體（背面）
返口15cm

3.縫上磁釦

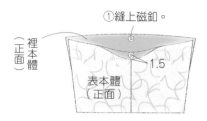

①縫上磁釦。
裡本體（正面）
表本體（正面）
1.5

4.製作＆綁上提把

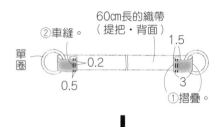

60cm長的織帶（提把・背面）
②車縫。
單圈
0.5 / 0.2
1.5 / 3
①摺疊。

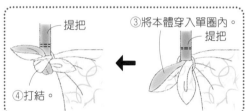

提把
③將本體穿入單圈內。
提把
④打結。

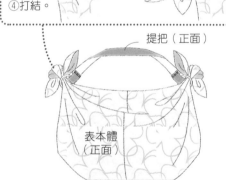

提把（正面）
表本體（正面）

（中間圖）

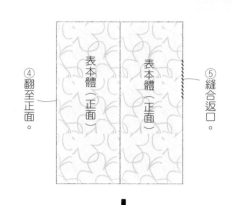

④翻至正面。
表本體（正面）
表本體（正面）
⑤縫合返口。

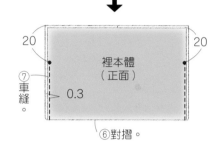

裡本體（正面）
20 / 20
0.3
⑦車縫。
⑥對摺。

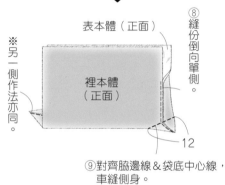

表本體（正面）
⑧縫份倒向單側。
裡本體（正面）
※另一側作法亦同。
12
⑨對齊脇邊線＆袋底中心線，車縫側身。

完成尺寸	材料
寬24×高32×側身10cm	表布（長手巾）35cm×90cm 1片
	繡框 直徑15cm 1個
原寸紙型	
無	

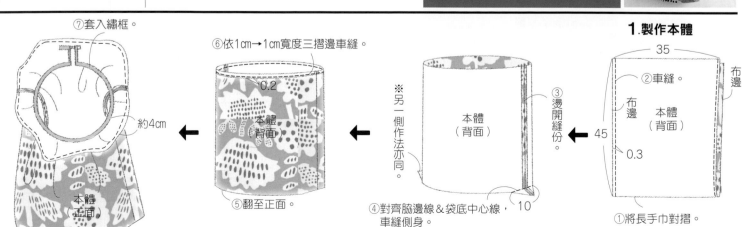

1.製作本體

①將長手巾對摺。
35
②車縫。
布邊
③燙開縫份。
布邊
本體（背面）
45
0.3
※另一側作法亦同。
本體（背面）
10
④對齊脇邊線＆袋底中心線，車縫側身。

⑥依1cm→1cm寬度三摺邊車縫。
0.2
本體（背面）
⑤翻至正面。

⑦套入繡框。
約4cm
本體（正面）

64

完成尺寸	材料
寬11×高10×側身11cm	**表布**（長手巾）35cm×90cm 1片
	裡布（亞麻布）40cm×40cm
原寸紙型	**接著襯**（厚）40cm×40cm
無	**鈕釦** 直徑1.8cm 2顆

1.裁布

※標示的尺寸已含縫份。

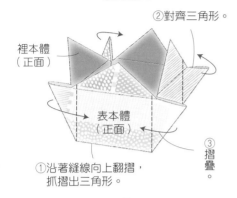

裡本體（裡布1片）
35 × 35

布邊 表本體（表布1片） 布邊
35

長手巾寬（35）

2.製作本體

①於表本體的背面燙貼接著襯。

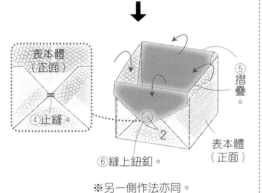

裡本體（正面）

表本體（背面）

返口 10cm

②車縫。

（中央圖）

③翻至正面。

表本體（正面）

④縫合返口。

↓

表本體（正面）

⑥以熨斗燙壓褶痕。
5.5 5.5 5.5 5.5
8

⑤車縫。

摺向裡本體側
摺向表本體側

③摺疊。

3.完成！

②對齊三角形。

裡本體（正面）

表本體（正面）

①沿著縫線向上翻摺，抓摺出三角形。

③摺疊。

↓

表本體（正面）
④止縫。

表本體（正面）
⑤摺疊。

裡本體（正面）

2

⑥縫上鈕釦。

表本體（正面）

※另一側作法亦同。

完成尺寸	材料
寬13×高44cm	**表布**（長手巾）35cm×90cm 1片
	接著襯（中薄）20cm×70cm
原寸紙型	**鬆緊帶** 寬2.5cm 15cm
無	

1.裁布

※標示的尺寸已含縫份。

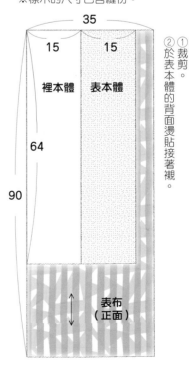

35
15 15
裡本體 表本體
64
90

①裁剪。
②於表本體的背面燙貼接著襯。

表布（正面）

2.製作本體

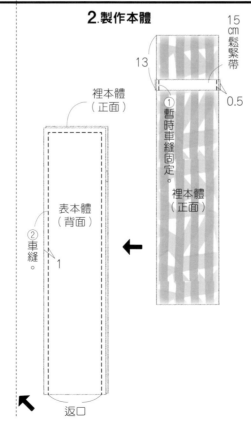

15cm鬆緊帶
13
0.5
①暫時車縫固定。

裡本體（正面）

裡本體（正面）

表本體（背面）

②車縫。
1

③翻至正面。

④Z字形車縫。

返口

（左圖）

鬆緊帶

裡本體（正面）

鬆緊帶

裡本體（正面）

⑦車縫。
0.2
1
⑤摺疊布端

18

表本體（正面）

⑥摺疊。

完成尺寸
寬25.5×高27.5×側身5.5cm

原寸紙型
無

材料
疊緣A 300cm／**疊緣B** 190cm
配布（亞麻布）75cm×15cm
裡布（亞麻布）80cm×40cm
圓繩 粗0.4cm 200cm

6.製作裡本體

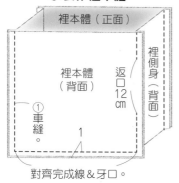

裡本體（正面）
裡本體（背面）
裡側身（背面）
返口 12 cm
① 車縫。
1
對齊完成線＆牙口。

7.疊合表本體＆裡本體

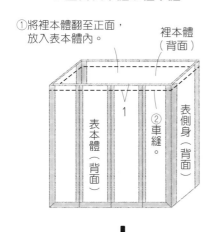

① 將裡本體翻至正面，放入表本體內。
裡本體（背面）
1
② 車縫。
表本體（背面）
表側身（背面）

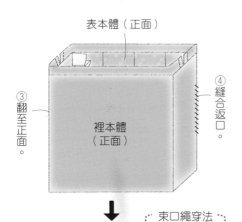

表本體（正面）
③ 翻至正面。
④ 縫合返口。
裡本體（正面）
③ 翻至正面。
⑤ 縫合返口。

束口繩穿法
⑥ 穿入兩條100cm長的圓繩。

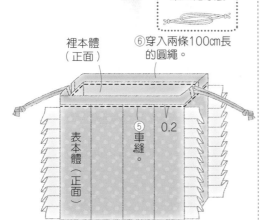

裡本體（正面）
⑤ 車縫。
0.2
表本體（正面）
表本體（正面）

荷葉邊（正面）
1.5
1.5
0.5
表本體（正面）
⑤ 暫時車縫固定。
1
1

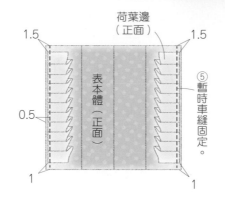

4.車縫表本體＆表側身

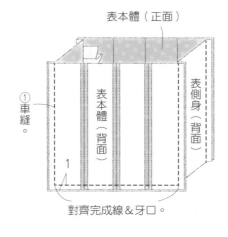

表本體（正面）
① 車縫。
表本體（背面）
表側身（背面）
1
對齊完成線＆牙口。

5.接縫口布

① 摺疊。
0.5
口布（背面）
1
② 車縫。

③ 對摺。
口布（正面）

0.5
④ 暫時車縫固定。
口布（正面）
表本體（正面）
中心
表側身（正面）

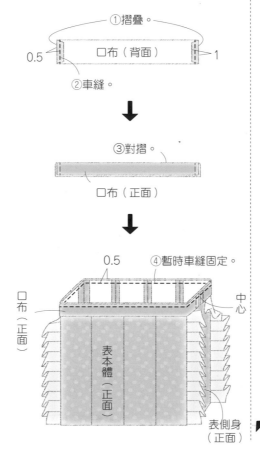

1.裁布
※標示的尺寸已含縫份。

疊緣寬
表本體（疊緣A 8片）
27

荷葉邊（疊緣B 4片）
疊緣寬
45

剪0.8cm牙口。
26
疊緣寬
表側身（疊緣A 1片）
77.5

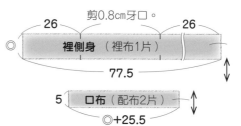

剪0.8cm牙口。
26
26
裡側身（裡布1片）
77.5

5
口布（配布2片）
◎+25.5

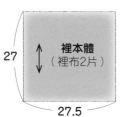

27
裡本體（裡布2片）
27.5

2.製作表本體

③ 以相同作法接縫＆燙開縫份。
① 車縫。
表本體（正面）
表本體（背面）
② 燙開縫份。
※調整縫份，使表本體的寬度為27.5cm。

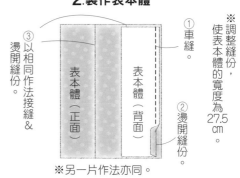

※另一片作法亦同。

3.製作＆接縫荷葉邊

荷葉邊（背面）
1
② 車縫。
① 對摺。

25
荷葉邊（正面）
④ 摺疊褶子，使全長為25cm。
③ 翻至正面。

※製作4片。

完成尺寸	材料	
寬12×高10.5cm	疊緣A 90cm	

	疊緣B 30cm	
原寸紙型	裡布（棉布）30cm×15cm	**P.10_No.11**
無	**彈片口金** 12 cm 1個	**彈片口金面紙套**

1.裁布

※標示的尺寸已含縫份。

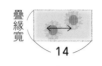 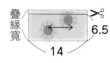

疊緣寬　14

6.5
疊緣寬　14

面紙套
（疊緣A 2片）

前本體（疊緣A 2片）
後本體（疊緣A 2片）

 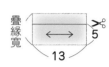

11　裡本體（裡布2片）

5
疊緣寬　13

14

口布（疊緣B 2片）

2.製作表本體＆裡本體

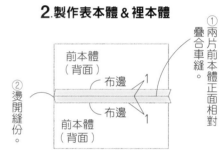

① 兩片前本體正面相對車縫。

② 燙開縫份。

前本體（背面）
布邊　1
布邊　1
前本體（背面）

※後本體作法亦同。

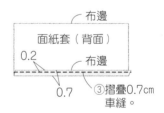

布邊
面紙套（背面）
0.2
布邊
0.7
③ 摺疊0.7cm車縫。

※另一片作法亦同。

---

③對摺。

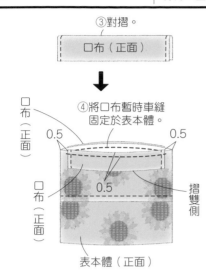

口布（正面）

④將口布暫時車縫固定於表本體。

口布（正面）
0.5　0.5
口布（正面）
0.5
摺雙側
口布（正面）
表本體（正面）

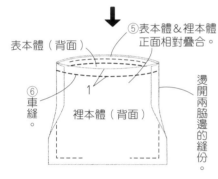

⑤表本體＆裡本體正面相對疊合。

表本體（背面）
1
⑥車縫。
裡本體（背面）
燙開兩脇邊的縫份。

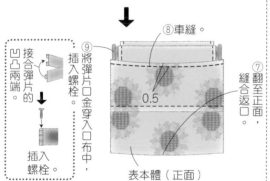

接合彈片的凹凸兩端。
插入螺栓。

⑧車縫。
⑨將彈片口金穿入口布中，插入螺栓。
0.5
⑦翻至正面，縫合返口。
表本體（正面）

前本體（正面）
④將面紙套疊至前本體上。
⑤固定暫時車縫
面紙套（正面）

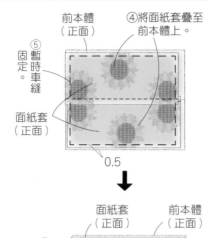

0.5

面紙套（正面）　前本體（正面）
⑥車縫。
後本體（背面）
1
⑦翻至正面。

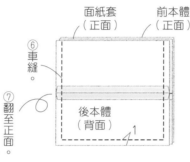

裡本體（正面）
⑧車縫。
裡本體（背面）
1
返口6cm

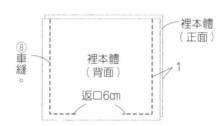

3.接縫口布，完成！

① 摺疊。
1　1
口布（背面）
0.2　0.2
② 車縫。

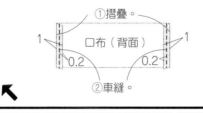

完成尺寸	材料	
寬45×高12.5cm	**疊緣A** 55cm	**P.13_No.22**
	疊緣B 100cm	**工具收納包**
原寸紙型	皮繩 寬0.3cm 50cm	
無		

1.裁布

※標示的尺寸已含縫份。

疊緣寬
本體A（疊緣A 1片）
本體B（疊緣B 2片）
49

2.製作本體

① 正面相對疊合車縫。
0.5
本體B（正面）
本體B（背面）
② 燙開縫份。　本體A（背面）

---

⑥夾入50cm的皮繩。
③依1cm→1cm寬度三摺邊。

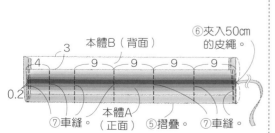

3
本體B（背面）
4
9　9　9　9
0.2
⑦車縫。　本體A（正面）　⑤摺疊。　⑦車縫。

本體B（背面）
本體B（背面）
本體A（背面）0.2
④車縫。

3.疊合表本體＆裡本體

①表本體＆裡本體正面相對疊合。

袋蓋側

裡本體（背面）

返口8cm

1

④車縫。

表本體（正面）

②放上紙型描畫圓角。

完成線

1

1

③修剪。

圓角紙型

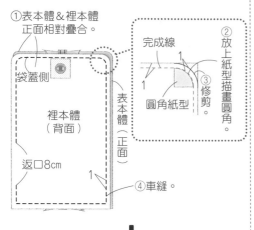

⑥車縫。

0.2

⑤翻至正面。

表本體（正面）

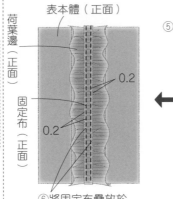

⑧摺疊。

11

0.2

表本體（正面）

裡本體（正面）

⑦摺疊。

0.2

（中段）

荷葉邊（正面）

表本體（正面）

⑤固定布摺四褶。

0.75

0.75

1

0.2

固定布（正面）

0.2

固定布（正面）

⑥將固定布疊放於荷葉邊中央，車縫固定。

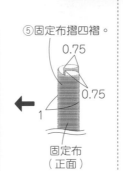

袋蓋側

表本體（背面）

⑧安裝磁釦（凹）。

⑦燙貼上剪成3×3cm的接著襯。

8.5 中心 7

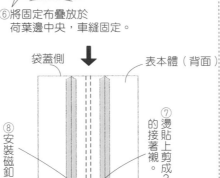

袋蓋側

中心 1

2.5

⑨燙貼上剪成3×3cm的接著襯。

⑩安裝磁釦（凸）。

裡本體（背面）

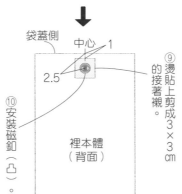

1.裁布

※標示的尺寸已含縫份。

疊緣寬　**表本體（疊緣A 3片）**　35.5cm

疊緣寬　3.5　**固定布（疊緣B）**　35.5cm

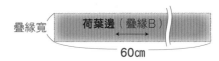

疊緣寬　**荷葉邊（疊緣B）**　60cm

2.製作表本體＆裡本體

②裁剪裡本體。

裡本體（裡布1片）

35.5

表本體（背面）

0.5 0.5 0.5

①接縫3片表本體＆燙開縫份。

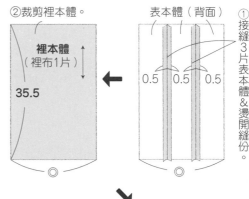

表本體（正面）

荷葉邊（正面）

布邊

荷葉邊（正面）

35.5

③於荷葉邊布的中心抽出皺褶。

④將荷葉邊疊放於表本體中央，車縫固定。

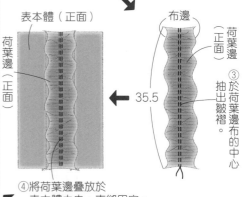

1.製作本體

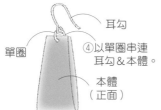

耳勾

單圈

④以單圈串連耳勾＆本體。

本體（正面）

※另一隻耳環作法亦同。

③以尖錐等鑽洞。

本體（正面）

②對摺。

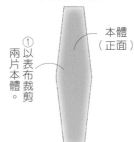

①以表布裁剪兩片本體。

本體（正面）

完成尺寸
直徑約8.5cm×高約30cm的水壺適用

原寸紙型
無

材料
疊緣 300cm
日形環 25mm 2個
口形環 25mm 1個

1.製作布條

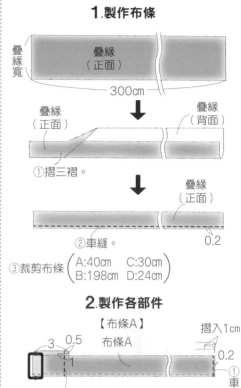

疊緣寬
疊緣（正面）
300cm

①摺三褶。
疊緣（正面）
疊緣（背面）

②車縫。
疊緣（正面）
0.2

③裁剪布條
A:40cm C:30cm
B:198cm D:24cm

2.製作各部件

【布條A】

摺入1cm
布條A
3 0.5
1
0.2
①車縫。

②布條穿過日形環，車縫固定。

④布條另一端穿過口形環，再繼續穿過日形環。

【布條B】

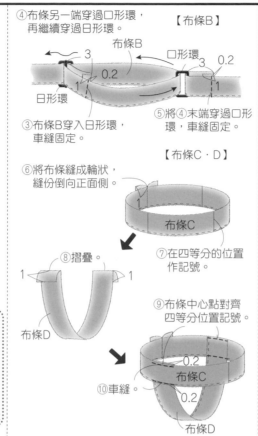

布條B
日形環
口形環
3 0.2
1
3
1

③布條B穿入日形環，車縫固定。

⑤將④末端穿過口形環，車縫固定。

【布條C・D】

⑥將布條縫成輪狀，縫份倒向正面側。

1
布條C

⑦在四等分的位置作記號。

⑧摺疊。

1
1
布條D

⑨布條中心點對齊四等分位置記號。

0.2
布條C
0.2
布條D

⑩車縫。

3.完成！

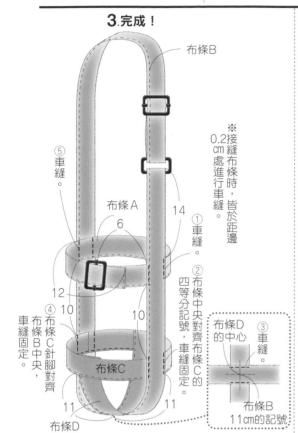

布條B

⑤車縫。

※接縫布條時，皆於距邊0.2cm處進行車縫。

①車縫。
②布條中央對齊布條C的四等分記號，車縫固定。
④布條B對齊布條C中央，車縫固定。
布條A
布條C針腳對齊布條B中央，車縫固定。

6
14
12
10
10
11
11

布條C
布條D

布條D的中心
③車縫。
布條B
11cm的記號

完成尺寸
寬約8×高約8cm

原寸紙型
無

材料
疊緣A 20cm
疊緣B 20cm
鈕釦 0.7cm 2顆
填充棉 適量

1.裁布

※標示的尺寸已含縫份。

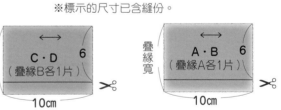

疊緣寬
C・D（疊緣B各1片）
6
10cm

疊緣寬
A・B（疊緣A各1片）
6
10cm

2.製作本體

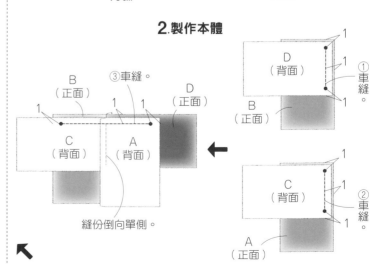

D（背面）
B（正面）
①車縫。
1

C（背面）
②車縫。
1

B（正面）
③車縫。
C（背面）
A（背面）
D（正面）
1 1 1
A（正面）
縫份倒向單側。

④將●邊正面相對疊合車縫。

A（正面）
C（正面）
1
B（正面）
D（背面）
1

★
○
C（正面）
A（正面）
返口
●
▲
△
D（正面）
返口
●
B（正面）
■
☆
☆
■

⑤依序將上圖相同記號的各邊，正面相對疊合車縫。

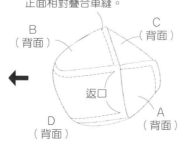

B（背面）
C（背面）
返口
D（背面）
A（背面）

⑥翻至正面，填入棉花＆縫合返口。

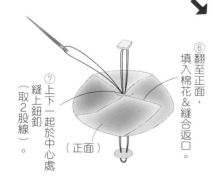

⑦上下一起縫於中心處縫上鈕釦（取2股線）。

（正面）

完成尺寸	材料	
寬8×高13×側身2cm	疊緣 75cm	**P.12_No.15** **拉鍊波奇包**
原寸紙型 無	FLATKNIT拉鍊 12cm 1條	

1.裁布

※標示的尺寸已含縫份。

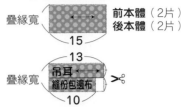

疊緣寬 — 15 — **前本體**（2片）**後本體**（2片）

疊緣寬 — 13 / 10 — **吊耳** / **縫份包邊布** ✂

2.製作本體

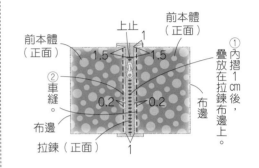

前本體（正面）　前本體（正面）
上止　1
1.5　1.5
②車縫。
0.2　0.2
布邊　布邊
拉鍊（正面）
1
①內摺1cm後，疊放在拉鍊布邊上。

3.製作本體

①接縫兩片後本體，燙開縫份。

布邊　0.5　0.5　布邊
後本體（背面）

---

②前本體&後本體正面相對疊合。

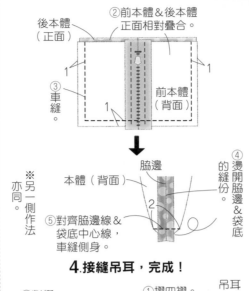

後本體（正面）
1　1
③車縫
前本體（背面）
1

④燙開脇邊&袋底的縫份。

脇邊
本體（背面）
2
⑤對齊脇邊線&袋底中心線，車縫側身。

※另一側作法亦同。

4.接縫吊耳，完成！

①摺四褶。
吊耳（正面）
1
②車縫
③對摺。
吊耳（正面）

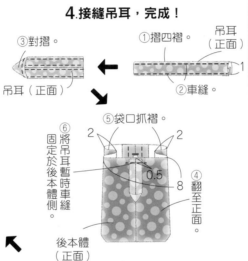

⑤袋口抓褶。
2　2
⑥將吊耳暫時車縫固定於後本體側。
0.5　8
④翻至正面。
後本體（正面）

---

⑨沿著褶痕車縫。

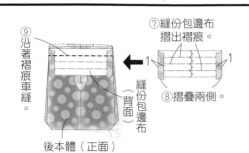

⑦縫份包邊布摺出褶痕。
1　1
⑧摺疊兩側。
縫份包邊布（背面）
後本體（正面）

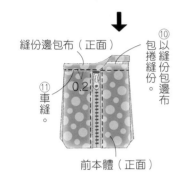

縫份邊包布（正面）
⑩以縫份包邊布包捲縫份。
⑪車縫。
0.2
前本體（正面）

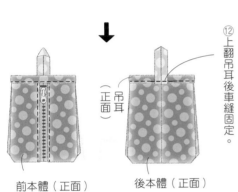

⑫上翻吊耳後車縫固定。
前本體（正面）　後本體（正面）
吊耳（正面）

完成尺寸	材料	
直徑約2×高約3cm	**表布**（平紋精梳棉布）15cm×10cm **填充棉** 適量	**P.14_No.23** **頂針指套針插**
原寸紙型 無	**頂針指套**（直徑2cm 高2cm）1個 **珠鍊**（長12cm）1條	

1.製作本體

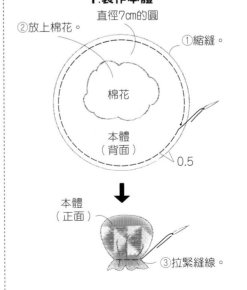

直徑7cm的圓
②放上棉花。
①縮縫。
棉花
本體（背面）
0.5

本體（正面）
③拉緊縫線。

2.製作吊耳

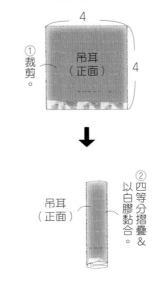

4
①裁剪。
吊耳（正面）
4
1
②四等分摺疊&以白膠黏合。

吊耳（正面）
②以白膠黏合。

3.完成！

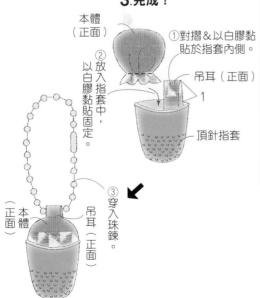

本體（正面）
①對摺&以白膠黏貼於指套內側。
吊耳（正面）
②放入指套中，以白膠黏貼固定。
頂針指套
③穿入珠鍊
本體（正面）　本體（正面）
吊耳（正面）

完成尺寸	材料
寬約7.5×高11cm	疊緣 55cm
	彈簧壓釦 13mm 1組
原寸紙型	
無	

P.12_No.16
卡片套

1.裁布

※標示的尺寸已含縫份。

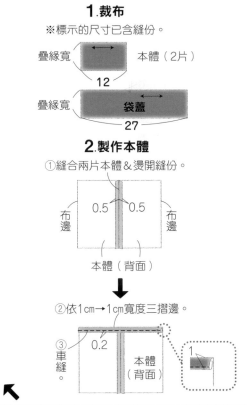

疊緣寬　本體（2片）
12

疊緣寬　袋蓋
27

2.製作本體

①縫合兩片本體＆燙開縫份。

布邊　0.5　0.5　布邊

本體（背面）

②依1cm→1cm寬度三摺邊。

③車縫。　0.2　本體（背面）　1

3.接縫袋蓋

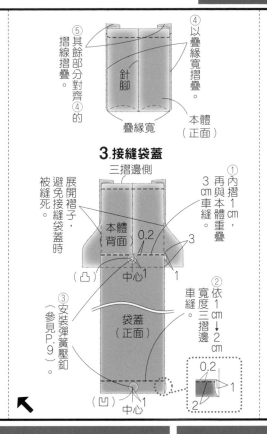

⑤其餘部分對齊摺線摺疊。

④以疊緣寬摺疊。

針腳

疊緣寬　本體（正面）

三摺邊側

展開褶子，避免接縫袋蓋時被縫死

本體（背面）　0.2　3

（凸）中心1　1

袋蓋（正面）

③安裝彈簧壓釦（參見P.9）。

①內摺1cm，再與本體重疊3cm車縫。

②寬度三摺邊1cm↓2cm車縫。

0.2　1　2　1

（凹）中心1

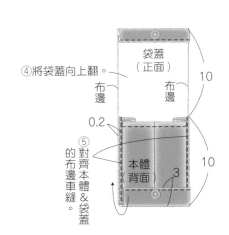

④將袋蓋向上翻。

袋蓋（正面）

布邊　布邊　10

0.2　10

本體（背面）　3

⑤對齊本體的布邊車縫＆袋蓋的布邊。

完成尺寸	材料
寬20×高20×側身20cm	疊緣A 120cm／疊緣B 230cm
	裡布（平織布）70cm×50cm
原寸紙型	接著襯（薄）10cm×5cm
無	磁釦 1.5cm 1組
	皮革提把（寬2.3cm 長39cm）1組

P.12_No.17
迷你托特包

1.製作表本體

疊緣寬　22

①裁剪本體A（疊緣A5片）本體B（疊緣B10片）。

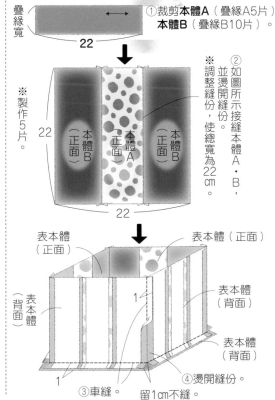

※製作5片。

22　本體B（正面）　本體A（正面）　本體B（正面）　22

22

②如圖所示接縫本體A・B，並燙開縫份。※調整縫份，使總寬為22cm。

表本體（正面）　表本體（正面）

表本體（背面）　1　表本體（背面）

③車縫。　④燙開縫份。　留1cm不縫。　1

2.製作裡本體

※貼上剪成3×3cm的接著襯。

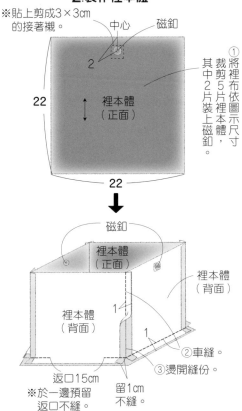

中心　磁釦　2

22　裡本體（正面）　22

22

①將裡布依圖示尺寸裁剪5片裡本體，其中2片裝上磁釦。

磁釦

裡本體（正面）

裡本體（背面）　裡本體（背面）

1　1

②車縫。　③燙開縫份。

返口15cm　留1cm不縫。

※於一邊預留返口不縫。

3.疊合裡本體＆表本體

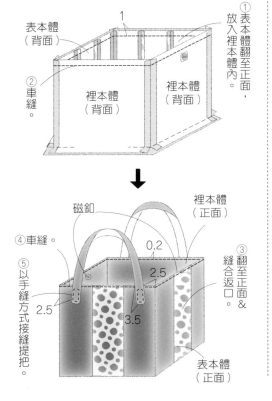

表本體（背面）　1

①表本體翻至正面，放入裡本體內。

②車縫。

裡本體（背面）　裡本體（背面）

磁釦　裡本體（正面）

④車縫。　0.2　2.5

2.5　3.5

③翻至正面＆縫合返口。

⑤以手縫方式接縫提把。

表本體（正面）

完成尺寸
寬21×高約18cm

原寸紙型
無

材料
疊緣A 95cm
疊緣B 120cm
配布（棉布）50cm×25cm
金屬拉鍊 20cm 3條

1.裁剪疊緣
※標示的尺寸已含縫份。

前本體（疊緣A 1片）
後本體（疊緣A 2片）
口袋b（疊緣A 1片）

疊緣寬　←→　23

前本體（疊緣B 2片）
後本體（疊緣B 1片）
口袋a（疊緣B 2片）

疊緣寬　←→　23

2.製作本體

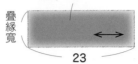

②燙開縫份。　0.7　①車縫。
③燙開縫份。
前本體（疊緣A・背面）
前本體（疊緣B・正面）

④燙開縫份。
後本體（疊緣A・正面）
後本體（疊緣B・正面）
後本體（疊緣A・正面）

⑤依前本體裁剪裡本體的長度。

裡本體（配布・2片）　↕　23

3.製作&接縫口袋

0.7　②車縫。
拉鍊（背面）
口袋a（疊緣B・正面）
口袋a（疊緣B・正面）
①燙開縫份。

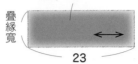
③縫份倒向口袋側。
④車縫。
口袋a（正面）
拉鍊（正面）

⑤依口袋a相同作法接縫拉鍊。
口袋b（疊緣A・背面）
⑥沿著①的針腳位置車縫。　0.7
口袋a（正面）
拉鍊（背面）

⑧暫時車縫固定。
口袋a（正面）
0.5　口袋b（正面）
⑦翻至正面。

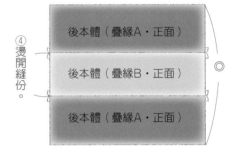
⑩暫時車縫固定。
前本體（正面）
口袋a（正面）
0.5　口袋b（正面）
⑨依口袋b相同作法接縫拉鍊。

4.疊合表本體&裡本體

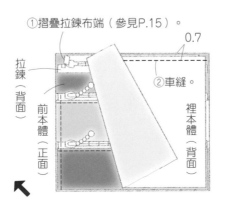
①摺疊拉鍊布端（參見P.15）。
0.7
②車縫。
拉鍊（背面）
前本體（正面）
裡本體（背面）

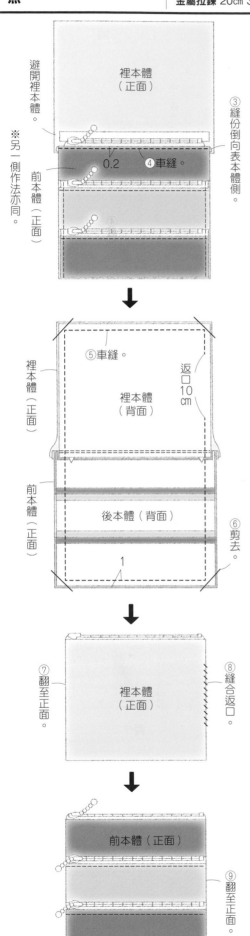
避開裡本體。
裡本體（正面）
※另一側作法亦同。
0.2　④車縫。
前本體（正面）
③縫份倒向表本體側。

⑤車縫。
裡本體（正面）
裡本體（背面）
返口10cm
前本體（正面）
後本體（背面）
⑥剪去。
1

⑦翻至正面。
裡本體（正面）
⑧縫合返口。

前本體（正面）
⑨翻至正面。

完成尺寸	材料	
寬10×高10cm	**表布**（平紋精梳棉布）25cm×25cm	**P.14_No.25**
	裡布（棉布）25cm×25cm	**杯墊**
原寸紙型		
無		

3.摺疊

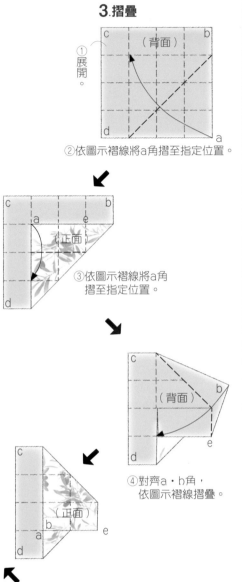

① 展開。

② 依圖示褶線將a角摺至指定位置。

③ 依圖示褶線將a角摺至指定位置。

④ 對齊a‧b角，依圖示褶線摺疊。

1.車縫本體

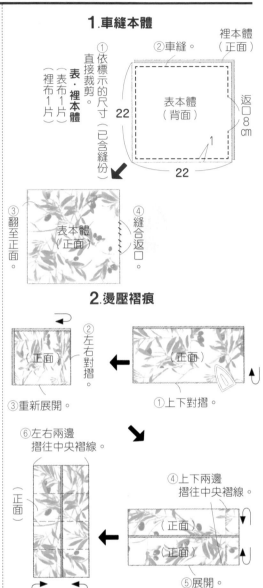

① 依標示的尺寸直接裁剪（已含縫份）
表・裡本體（表布1片・裡布1片）

② 車縫。

裡本體（正面）

表本體（背面）

返口8cm

22

22

1

③ 翻至正面。

表本體（正面）

④ 縫合返口。

2.燙壓褶痕

① 上下對摺。

② 左右對摺。

（正面）

③ 重新展開。

④ 上下兩邊摺往中央褶線。

⑤ 展開。

⑥ 左右兩邊摺往中央褶線。

（正面）

（正面）

（正面）

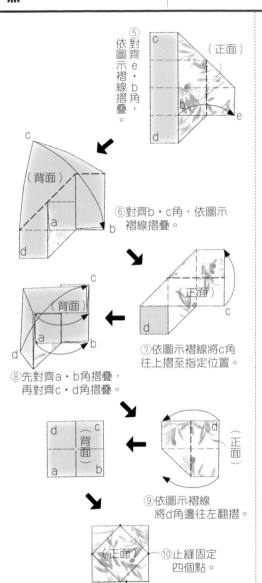

⑤ 對齊e‧b角，依圖示褶線摺疊。

c（正面）
b
e
d

⑥ 對齊b‧c角，依圖示褶線摺疊。

（背面）
c
a
b
d

⑦ 依圖示褶線將c角往上摺至指定位置。

（背面）
c
a
d
b

（正面）
c
d

⑧ 先對齊a‧b角摺疊，再對齊c‧d角摺疊。

（背面）
d c
a b

（正面）
d

⑨ 依圖示褶線將d角邊往左翻摺。

（正面）

⑩ 止縫固定四個點。

完成尺寸	材料	
寬7.5×高6.5cm	**疊緣** 25cm	**P.13_No.19**
	裡布（棉布）25cm×10cm	**三角零錢包**
原寸紙型	**彈簧壓釦** 1cm 2組	
A面		

2.安裝彈簧壓釦＆摺疊

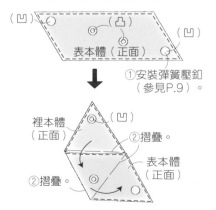

（凹）（凸）（凹）

表本體（正面）

① 安裝彈簧壓釦（參見P.9）。

（凹）

裡本體（正面）

② 摺疊。

② 摺疊。

表本體（正面）

1.疊合表本體＆裡本體

裡本體（正面）

① 車縫。

表本體（背面）

返口7cm

0.5

③ 車縫。

表本體（正面）

0.2

② 翻至正面。

裁布圖

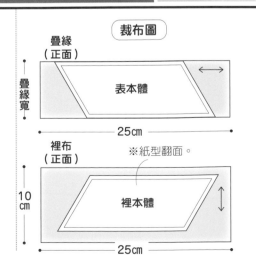

疊緣（正面）

疊緣寬

表本體

25cm

裡布（正面）

※紙型翻面。

裡本體

10cm

25cm

完成尺寸	材料
寬22×高15×側身8cm	表布（平紋精梳棉布）35cm×45cm
原寸紙型	裡布（平紋精梳棉布）80cm×40cm
A面	單膠鋪棉 60cm×45cm
	尼龍拉鍊 20cm 2條

P.15_No.27
波奇包

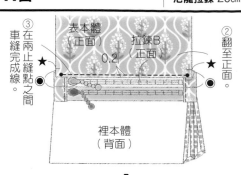

③在兩止縫點之間車縫完成線。
表本體（正面）　拉鍊B（正面）
0.2
②翻至正面。

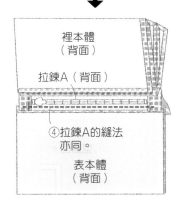

裡本體（背面）
拉鍊A（背面）
④拉鍊A的縫法亦同。
表本體（背面）

5.接縫表側身

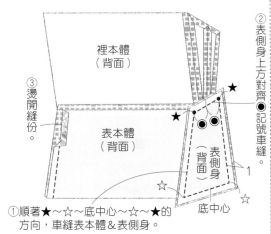

裡本體（背面）
③燙開縫份。
表本體（背面）
表側身（背面）
底中心
②表側身上方對齊◉記號車縫。　1
①順著★～☆～底中心～☆～★的方向，車縫表本體&表側身。

6.完成！

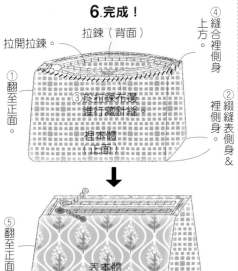

拉開拉鍊。
拉鍊（背面）
①翻至正面。
③於拉鍊布邊進行藏針縫。
裡本體（正面）
④縫合裡側身上方。
②綴縫表側身&裡側身。
⑤翻至正面。
表本體（正面）

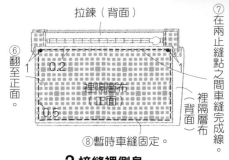

拉鍊（背面）
⑥翻至正面。
0.2
裡隔層布（正面）
0.5
⑦在兩止縫點之間車縫完成線。
裡隔層布（背面）
⑧暫時車縫固定。

2.接縫裡側身

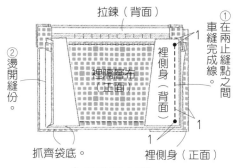

拉鍊（背面）
②燙開縫份。
裡隔層布（正面）
①在兩止縫點之間車縫完成線。
裡側身（背面）
1
抓齊袋底。
裡側身（正面）
1

3.接縫裡本體

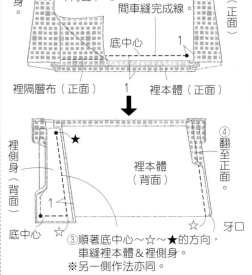

避開裡側身。
①摺疊。　0.7
裡本體（背面）
②在兩止縫點之間車縫完成線。
裡側身（正面）
底中心　　1
裡隔層布（正面）　1　裡本體（正面）

裡側身（背面）
底中心
④翻至正面。
1
①順著底中心～☆～★的方向，車縫裡本體&裡側身。
※另一側作法亦同。
牙口

4.接縫表本體

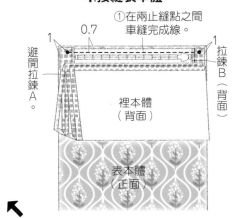

①在兩止縫點之間車縫完成線。
避開拉鍊A。
1　0.7
拉鍊B（背面）
裡本體（背面）
表本體（正面）

裁布圖

※除了表・裡側身之外皆無原寸紙型，請依標示的尺寸（已含縫份）直接裁剪。
※□處需於背面燙貼單膠鋪棉。

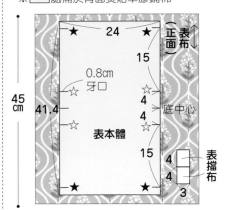

45cm
★ 24 ★
正面 表布
15
0.8cm 牙口
41.4
4
4
底中心
15
4　4　表擋布
3
35cm

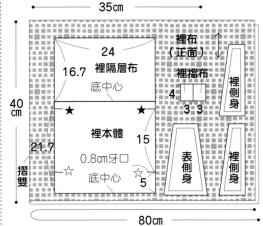

40cm
裡布（正面）
24
16.7 裡隔層布
底中心
裡擋布
4
★ ★
3 3
裡側身
21.7 裡本體 15
摺雙
0.8cm牙口
底中心
5
表側身
裡側身
80cm

1.接縫拉鍊

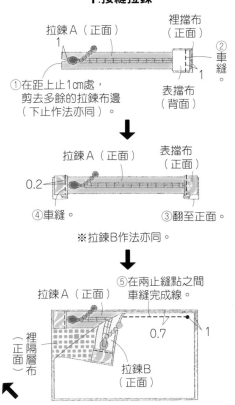

拉鍊A（正面）　裡擋布（正面）
1
②車縫。
①在距上止1cm處，剪去多餘的拉鍊布邊（下止作法亦同）。
表擋布（背面）

拉鍊A（正面）　表擋布（正面）
0.2
④車縫。　③翻至正面。

※拉鍊B作法亦同。

拉鍊A（正面）
⑤在兩止縫點之間車縫完成線。
裡隔層布（背面）
0.7　1
拉鍊B（正面）

完成尺寸	材料	P.16_No.**28**
寬21.5×高15cm（展開狀態）	表布（平織布）30cm×30cm	**隨身縫紉包**
原寸紙型	裡布（平織布）30cm×30cm／**不織布** 5cm×5cm	
A面	單膠鋪棉 30cm×30cm	
	暗釦 1.5cm 1組／**鈕釦** 2 cm 1個	

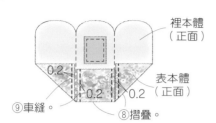

裡本體（正面）
表本體（正面）
0.2　0.2　0.2
⑨車縫。
⑧摺疊。

2.完成！

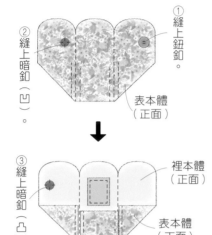

①縫上鈕釦。
②縫上暗釦（凹）。
表本體（正面）
③縫上暗釦（凸）。
裡本體（正面）
表本體（正面）

1.製作本體

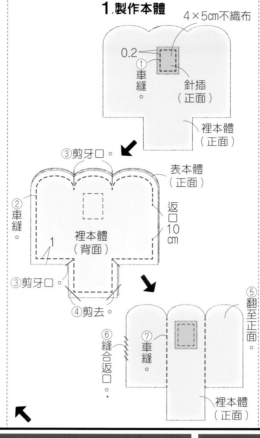

4×5cm不織布
0.2
①車縫。
針插（正面）
裡本體（正面）
③剪牙口。
表本體（正面）
②車縫。
返口10cm
裡本體（背面）
1
③剪牙口。
④剪去。

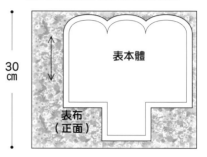

⑤翻至正面。
⑥縫合返口。
⑦車縫。
裡本體（正面）

裁布圖

※▢處需於背面燙貼單膠鋪棉。

表本體
表布（正面）
30cm
30 cm

裡本體
※紙型翻面。
本表體
裡布（正面）
30cm
30cm

完成尺寸	材料	P.16_No.**29**
寬8×高20cm	表布（平織布）25cm×25cm	**剪刀套**
原寸紙型	裡布（平織布）50cm×25cm	
A面	單膠鋪棉 25cm×25cm／**鈕釦** 2.2cm 1個	
	皮繩 寬0.5cm 10cm	

裡本體（正面）
⑥摺疊。
⑥摺疊。
表本體（正面）
⑦暫時車縫固定。
0.5

裡本體（正面）
正面　表本體　後側
10cm斜布條
斜布條（背面）
表本體（正面）
⑪車縫。
0.2
⑩包捲
斜布條（正面）
⑧摺疊。
⑨沿褶線車縫。
1　1

1.製作本體

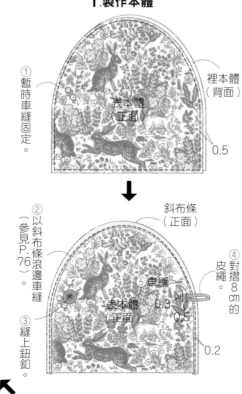

①暫時車縫固定。
裡本體（背面）
表本體正面
0.5

②以斜布條滾邊車縫（參見P.76）。
斜布條（正面）
④皮繩對摺8cm的
⑤車縫
表本體（正面）
0.3　0.5
③縫上鈕釦
0.2

裁布圖

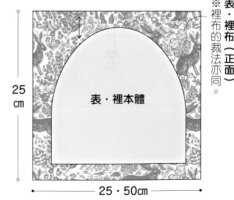

※▢處需於背面燙貼單膠鋪棉（僅表本體）。
※以裡布裁製寬1cm長70cm的滾邊斜布條（參見P.76）。

表・裡布（正面）
※表・裡布的裁法亦同。
25cm
表・裡本體
25・50cm

完成尺寸	材料	
直徑26cm	**表布**（亞麻布）50cm×50cm	

完成尺寸
直徑26cm

原寸紙型
A面

材料
表布（亞麻布）50cm×50cm
配布（平紋精梳棉布）50cm×35cm
繡框 直徑26cm 1個

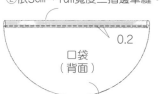

P.14_No.**24**
繡框收納袋

1.製作本體

②依3cm→1cm寬度三摺邊車縫。

0.2

口袋（背面）

①以配布裁剪口袋。

③以表布裁剪本體。

④口袋疊至本體上，暫時車縫固定。

本體（正面）

5.5　6

⑤車縫。

（正面）口袋

0.5

本體（正面）

繡框

⑥以繡框繃緊布。

本體（正面）

（正面）口袋

⑦將多餘的布摺至後側。

本體（正面）

約14cm

正面 口袋

完成尺寸	材料	

完成尺寸
寬10.5×高26cm

原寸紙型
B面

材料
表布（毛巾布）35cm×100cm
配布（棉布）40cm×40cm
單膠鋪棉 70cm×30cm

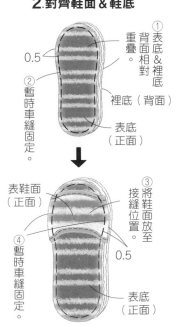

P.19_No.**37**
拖鞋

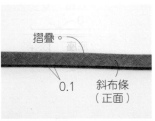

摺疊。

0.1　斜布條（正面）

③若用於滾邊，錯開0.1cm摺疊，以窄邊為表側。

2.滾邊方法

斜布條（背面）　沿褶線車縫。

本體（正面）

①展開滾邊斜布條窄邊的褶邊，與本體布正面相對疊放＆對齊布邊，再沿褶線車縫。

↓

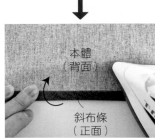

本體（背面）

斜布條（正面）

②以斜布條包捲縫份＆以熨斗整燙，再手縫或車縫固定斜布條。

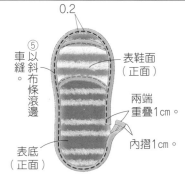

0.2

⑤以斜布條滾邊車縫。

表鞋面（正面）

兩端重疊1cm。

內摺1cm。

以斜布條滾邊

表底（正面）

※另一隻作法亦同。

斜布條

1.斜布條作法

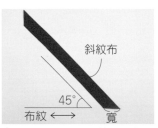

斜紋布

45°

布紋 ←→ 寬

①與布紋呈45°，裁剪斜紋布。裁布寬為斜布條寬×4（若為滾邊用則×8）。

↓

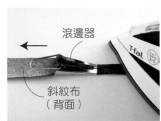

滾邊器

斜紋布（背面）

②將斜紋布穿入滾邊器，一邊將滾邊器往左拉動，一邊以熨斗整燙。

裁布圖

※▨處需於背面燙貼單膠鋪棉。

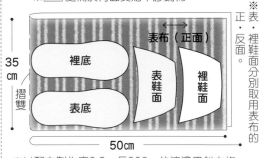

裡底

表底

表布（正面）

表鞋面

裡鞋面

35cm

摺雙

50cm

※表・裡鞋面分別取用表布的正・反面。

※以配布製作寬0.9cm長200cm的滾邊用斜布條。

1.製作鞋面

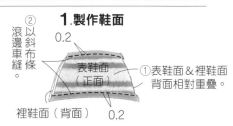

②以斜布條滾邊車縫。

0.2

表鞋面（正面）

①表鞋面＆裡鞋面背面相對重疊。

裡鞋面（背面）　0.2

2.對齊鞋面＆鞋底

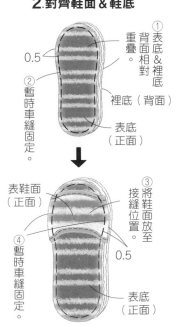

①表底背面＆裡底相對重疊。

0.5

裡底（背面）

②暫時車縫固定。

裡底

表底（正面）

↓

表鞋面（正面）

③將鞋面放至接縫位置。

④暫時車縫固定。

0.5

表底（正面）

76

完成尺寸	材料
寬10×高12×側身10cm	表布（平織布）25cm×65cm
	裡布（平織布）25cm×75cm
原寸紙型	接著襯（極厚）45cm×20cm
無	單膠鋪棉 30cm×10cm／止滑墊 10cm×5cm
	魔鬼氈 10cm×5cm／填充棉 適量

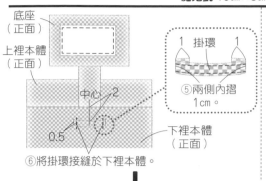

底座（正面）
上裡本體（正面）
中心 ②
0.5 ①
下裡本體（正面）
⑥將掛環接縫於下裡本體。

① 掛環 ①
⑤兩側內摺 1cm。

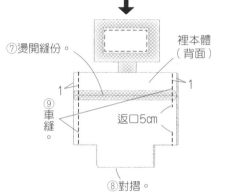

⑦燙開縫份。
裡本體（背面）
1
⑨車縫
1
返口5cm
⑧對摺。
※表本體作法亦同，但不留返口。

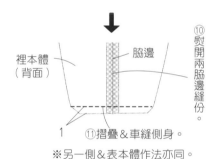

裡本體（背面）
脇邊
⑩熨開兩脇邊縫份。
1
⑪摺疊＆車縫側身。
※另一側＆表本體作法亦同。

3.疊合表本體＆裡本體

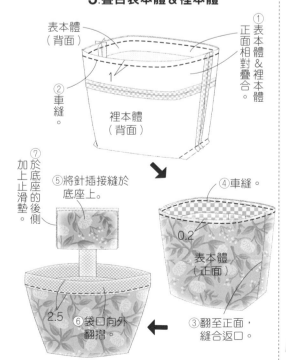

表本體（背面）
① 表本體＆裡本體正面相對疊合
① 1
② 車縫
裡本體（背面）
⑦加於上止滑墊的後側
⑤將針插接縫於底座上。
④車縫。
0.2
表本體（正面）
2.5
⑥袋口向外翻摺。
③翻至正面，縫合返口。

2.製作底座

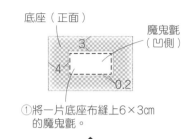

底座（正面）
3
魔鬼氈（凹側）
4
0.2
①將一片底座布縫上6×3cm的魔鬼氈。

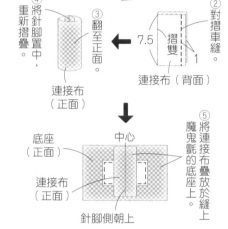

④將針腳置中，重新摺疊。
③翻至正面。
②對摺車縫。
7.5
摺雙
連接布（正面）
連接布（背面）

底座（正面）
中心
連接布（正面）
⑤將連接布疊放於縫上魔鬼氈的底座上。
針腳側朝上

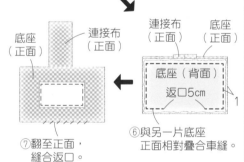

底座（正面）
連接布（正面）
連接布（正面）
底座（正面）
底座（背面）
返口5cm
1
⑥與另一片底座正面相對疊合車縫。
⑦翻至正面，縫合返口。

2.製作表本體＆裡本體

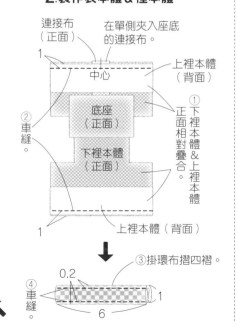

連接布（正面）
在單側夾入座底的連接布。
1
中心
上裡本體（背面）
② 車縫
底座（正面）
① 下裡本體＆上裡本體正面相對疊合。
下裡本體（正面）
1
上裡本體（背面）
0.2
③掛環布摺四褶。
④ 車縫
6

裁布圖
※標示的尺寸已含縫份。
※▨處需於背面燙貼接著襯。
※□處需於背面燙貼單膠鋪棉。

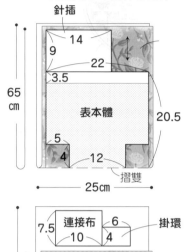

針插
14
9
22
3.5
表本體
20.5
5
4
12
摺雙
65cm
25cm

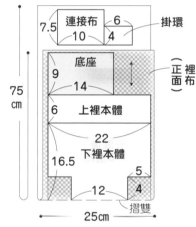

連接布 6
7.5 10 4
掛環
底座
9
14
6 上裡本體
22
下裡本體
16.5
5
4
12
摺雙
75cm
25cm
（裡布正面）

1.製作本體

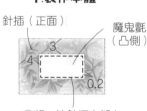

針插（正面）
魔鬼氈（凸側）
4
3
0.2
①將一片針插布縫上6×3cm的魔鬼氈。

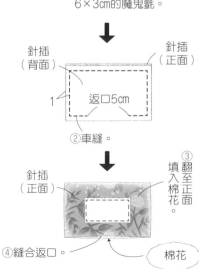

針插（背面）
針插（正面）
1
返口5cm
②車縫。

針插（正面）
③翻入棉花至正面
④縫合返口。
棉花

5.製作本體

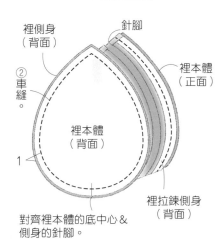

針腳　表側身（背面）

拉開拉鍊。

表本體（正面）

表拉鍊側身（背面）

①車縫。

表本體（背面）

1

對齊表本體的底中心＆側身的針腳。

裡側身（背面）　針腳

②車縫。

裡本體（正面）

裡本體（背面）

1

裡拉鍊側身（背面）

對齊裡本體的底中心＆側身的針腳。

6.完成！

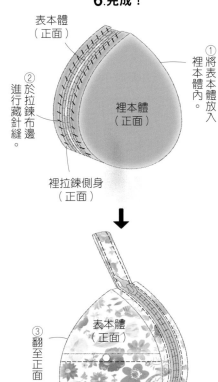

表本體（正面）

②於拉鍊布邊進行藏針縫。

①將表本體放入裡本體內。

裡本體（正面）

裡拉鍊側身（正面）

③翻至正面

---

②縫份倒向側身側車縫。

表拉鍊側身（正面）

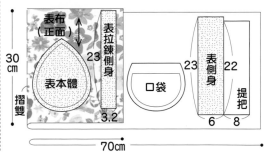

拉鍊（正面）

0.2

0.2

③另一側作法亦同。

表拉鍊側身（正面）

④車縫。

表拉鍊側身（背面）

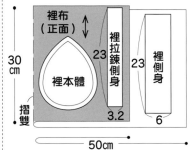

1

夾入提把。

表側身（正面）

⑤縫份倒向表側身側。

⑥摺疊。

裡拉鍊側身（背面）

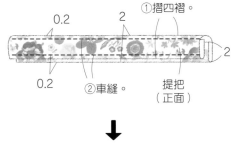

1　1

1

⑦車縫。

裡側身（正面）

⑧縫份倒向裡側身側。

3.製作＆接縫口袋

①依1.5cm→1.5cm寬度三摺邊車縫。

1.5　1.5

1.5

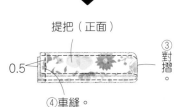

0.2

口袋（背面）

裁布圖

※除了表·裡側身之外皆無原寸紙型，請依標示的尺寸（已含縫份）直接裁剪。

※ ▨ 處需於背面燙貼單膠鋪棉。

表布（正面）

30cm　摺雙

表本體　表拉鍊側身 23　表側身 22　提把

3.2　口袋　6　8

70cm

裡布（正面）

30cm　摺雙

裡本體　裡拉鍊側身 23　裡側身 23

3.2　6

50cm

1.製作提把

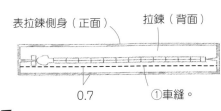

0.2　2　①摺四褶

0.2　②車縫。　提把（正面）　2

提把（正面）

0.5　③對摺。

④車縫。

2.製作拉鍊側身

表拉鍊側身（正面）　拉鍊（背面）

0.7　①車縫。

---

②安裝彈簧壓釦（參見P.9）。

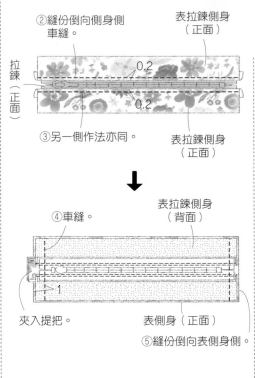

表本體（正面）

口袋（正面）

③暫時車縫固定。

0.5

78

完成尺寸	材料
寬61×高38.5×側身15cm	表布（浴巾）65cm×100cm 1片
	皮革帶 寬2cm 140cm
原寸紙型	
無	

P.18_No.34
浴巾托特包

2.接縫提把

長70cm皮革帶
（提把・正面）

中心

9　9　4

0.2

①車縫。

本體
（正面）

※以另一側相同作法車縫。

⑥摺疊。 4

⑦車縫。 0.2

本體
（背面）

③縫份倒向單側。

⑤車縫。

④對齊脇邊線＆底中心。

15cm

1.製作本體

※直接使用浴巾。

②車縫。

本體
（背面）

50

65

2

①對摺。

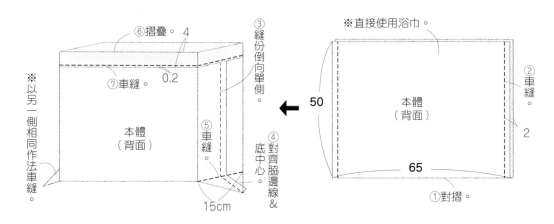

完成尺寸	材料
寬84×高11cm	表布（毛巾）35cm×84m 1條
	織帶 寬2cm 10cm
原寸紙型	
無	

P.18_No.35
冰涼領巾

避開織帶。

⑤縮縫後拉緊縫線。

本體
（正面）

11　　　　11

①三等分摺疊。

中心

②車縫。

本體
（正面）

15

1　1
10cm織帶

③摺疊。

中心

0.2

7

④車縫。

本體
（正面）

1.製作本體

※直接使用毛巾

本體
（表布1片）

35

84

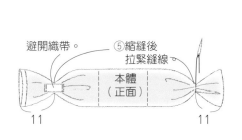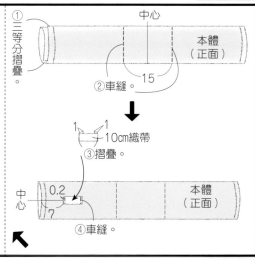

完成尺寸	材料
寬27×高12.5cm	表布（毛巾）35cm×86cm 2條
	魔鬼氈 2.5cm×15cm
原寸紙型	
B面	

P.18_No.36
拖把布

接縫於裡本體側。

2.5

7.5

魔鬼氈（凹）

表本體
（正面）

魔鬼氈（凸）

0.2

⑤接縫魔鬼氈。

④車縫。

表本體
（正面）

0.3

③翻至正面，內摺返口。

①2條毛巾分別裁剪1片
表本體・1片裡本體。

裡本體
（正面）

②車縫。

表本體
（背面）

1

返口
12cm

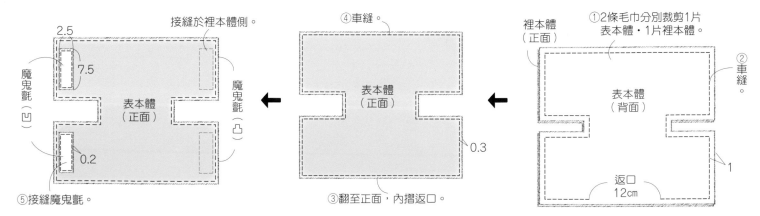

完成尺寸
寬21×高13cm

原寸紙型
無

材料
表布（棉布）85cm×20cm／裡布（棉布）50cm×20cm
配布（PVC透明果凍布）25cm×15cm／彈簧壓釦 10mm 1組
接著襯（中薄）75cm×20cm／D型環 10mm 2個
尼龍拉鍊 20cm 1條
皮革肩帶（寬1cm 長約120cm）1條

P.20_No.39
附手機袋 小肩包

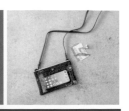

3.製作本體

①的摺疊兩端拉鍊布邊。
②將拉鍊夾入表本體＆裡本體之間。
③車縫。
0.7
裡本體（背面）
※接縫拉鍊（參見P.15）
表本體（正面）
※另一片表・裡本體作法亦同。

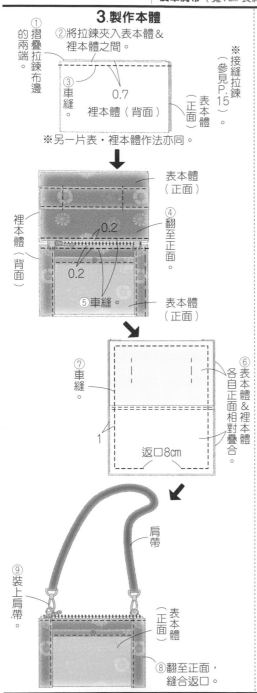

表本體（正面）
裡本體（背面）
0.2
0.2
⑤車縫
④翻至正面
表本體（正面）

⑦車縫。
⑥表本體＆裡本體各自正面相對疊合。
返口8cm
1

⑨裝上肩帶。
肩帶
表本體（正面）
⑧翻至正面，縫合返口。

2.接縫提把＆吊耳

中心
3
0.5
脇布（正面）
表本體（正面）
彈簧壓釦
⑦於口袋＆表本體安裝彈簧壓釦（參見P.9）
口袋（正面）
⑧暫時車縫固定。

①提把摺四褶。
0.2
2.5
0.2
②車縫。
提把（正面）

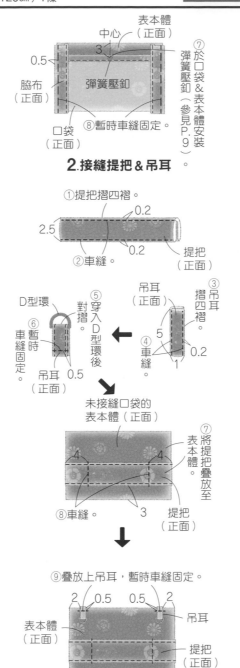

D型環
⑤對摺
⑥暫時車縫固定。
吊耳（正面）
吊耳（正面）
摺四褶
④車縫。
0.2
1
穿入D型環後
0.5

未接縫口袋的表本體（正面）
4
4
⑦將提把疊放至表本體。
表本體（正面）
⑧車縫。
3
提把（正面）

⑨疊放上吊耳，暫時車縫固定。
2
0.5
0.5
2
表本體（正面）
吊耳
提把（正面）

裁布圖
※標示的尺寸已含縫份。
※ ▨ 處需於表布的背面燙貼接著襯。

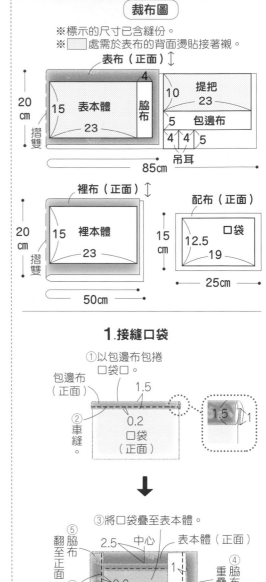

表布（正面）
20cm
摺雙
15 表本體
脇布
23
4
10 提把 23
5 包邊布
4 4 5
吊耳
85cm

裡布（正面）
20cm
摺雙
15 裡本體
23
50cm

配布（正面）
15cm
口袋
12.5
19
25cm

1.接縫口袋

①以包邊布包捲口袋口。
包邊布（正面）
1.5
②車縫。
0.2
口袋（正面）
1.5 1

③將口袋疊至表本體。
⑤翻至正面
2.5
中心
表本體（正面）
⑥車縫。
0.2
④脇布正面相對重疊車縫。
脇布（正面）
口袋（正面）
脇布（背面）
1
3

完成尺寸
單邊長14×高3cm

原寸紙型
B面

材料
表布（PVC透明果凍布）25cm×20cm

P.21_No.45
三角形收納盒

1.製作本體

①側身背面相對重疊。
②車縫。
本體（正面）
1

本體（背面）
③另外兩邊角也以相同作法疊合＆車縫。

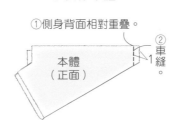

裁布圖
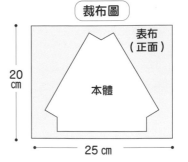

表布（正面）
20cm
本體
25cm

材料
表布（棉布）75cm×30cm／**配布A**（棉布）50cm×35cm
配布B（PVC透明果凍布）25cm×15cm
接著襯（中薄）50cm×30cm
尼龍拉鍊 20cm 2條

P.20_No.40
雙拉鍊波奇包

3.接縫拉鍊，完成！

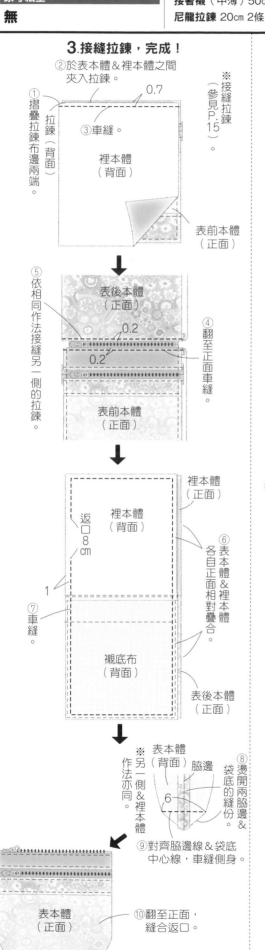

②於表本體＆裡本體之間夾入拉鍊。

①摺疊拉鍊布邊兩端。

0.7

拉鍊（背面）

③車縫。

※接縫拉鍊（參見P.15）。

裡本體（背面）

表前本體（正面）

⑤依相同作法接縫另一側的拉鍊。

表後本體（正面）

0.2

0.2

④翻至正面車縫。

表前本體（正面）

裡本體（正面）

裡本體（背面）

返口8cm

1

⑦車縫。

⑥表本體＆裡本體各自正面相對疊合。

裡本體（正面）

表後本體（正面）

襯底布（背面）

※另一側＆裡本體作法亦同。

表本體（背面）

脇邊

6

⑧燙開兩脇邊＆袋底的縫份。

⑨對齊脇邊線＆袋底中心線，車縫側身。

表本體（正面）

⑩翻至正面，縫合返口。

2.製作表前本體

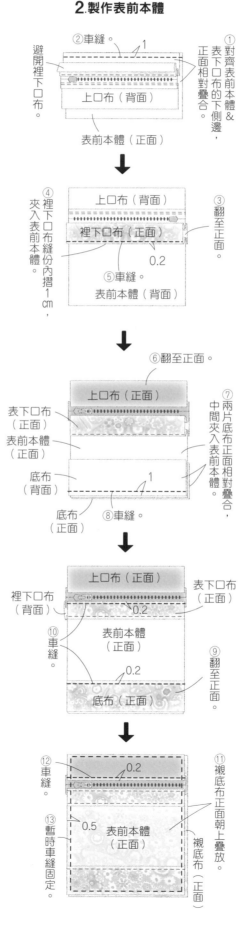

②車縫。

1

避開裡下口布。

上口布（背面）

①對齊表前本體＆表下口布的下側邊，正面相對疊合。

上口布（背面）

裡下口布（正面）

0.2

③翻至正面。

④裡下口布縫份內摺1cm，夾入表前本體。

⑤車縫。

表前本體（背面）

⑥翻至正面。

上口布（正面）

表下口布（正面）

表前本體（正面）

底布（正面）

⑦兩片底布正面相對疊合，中間夾入表前本體。

底布（正面）

⑧車縫。

上口布（正面）

裡下口布（背面）

表下口布（正面）

0.2

表前本體（正面）

0.2

⑨翻至正面。

底布（正面）

⑩車縫。

⑫車縫。

0.2

⑪襯底布正面朝上疊放。

⑬暫時車縫固定。

0.5

表前本體（正面）

襯底布（正面）

※標示的尺寸已含縫份。
※▨處需於背面燙貼接著襯。

表布（正面）

30cm

襯底布

表布下口布 3.7
裡下口布 3.7
底布 7
底布 7

23.7

11.5

23

表後本體

23.7

11.5

摺雙

75cm

配布A（正面）

摺雙

35cm

裡本體

23.7

裁剪後重新摺疊。

23

4.4 23 上口布

50cm

配布B（正面）

15cm

表前本體 13

23

25cm

1.將拉鍊接縫於口布

①表・裡下口布正面相對，夾入拉鍊。

表下口布（正面）

裡下口布（正面）

②車縫。 0.7

拉鍊（正面）

拉鍊（正面）

表下口布（正面）

③翻至正面。

④上口布正面相對，夾住＆對齊另一側的拉鍊布邊。

上口布（背面）

0.7

拉鍊（正面）

⑤車縫。

上口布（正面）

表下口布（正面）

⑥翻至正面。

完成尺寸	材料
寬16×高12cm	表布（平織布）20cm×20cm
	紙板 15cm×15cm
原寸紙型	填充棉 適量
無	相框（16cm×12cm）1個

3.放進相框

本體（後側）　（後）相框　（後側）相框

紙板

①將本體放入相框內。

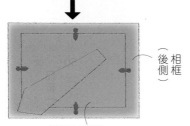

（後側）相框

後相框側

②蓋上背蓋。
※太厚而無法完全固定時，利用膠帶補強固定。

2.製作本體

紙板

填充棉

①在紙板的中心放置棉花（不要太靠近邊端）。

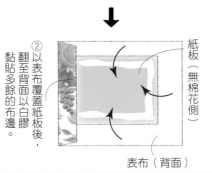

②以表布覆蓋紙板後，翻至背面以白膠黏貼多餘的布邊。

紙板（無棉花側）

表布（背面）

1.裁布

紙板

玻璃

①將相框的玻璃取下，置於紙板上裁切出相同大小。

本體（正面）

2

紙板

2

2

2

②剪裁本體，長寬各比紙板大4cm。

完成尺寸	材料
寬43×高33cm	表布（長手巾）35cm×90cm 1片
	裡布（棉布）50cm×75cm
原寸紙型	接著襯（厚）90cm×40cm／四合釦 13mm 6組
無	提把織帶 寬3cm 130cm

1.裁布

※標示的尺寸已含縫份。
②裁剪裡本體。

45

裡本體（裡布1片）

68

1

1

35

布邊

布邊

表本體（表布1片）

①長手巾剪半，於背面邊貼接著襯。

90

③於背面燙貼19cm×3cm的接著襯。

2.製作本體

②暫時車縫固定提把。

6.5 0.5　6.5

①安裝四合釦（凸）（參見P.9）

裡本體（正面）　62cm織帶（正面）

①安裝四合釦（凸）（參見P.9）

7.5 7.5　4

接著襯燙貼位置　2.2

③車縫。

布邊

表本體（背面）

表本體（正面）

布邊

⑤車縫。

表本體（背面）

裡本體（正面）

④燙開縫份。

返口8cm

1

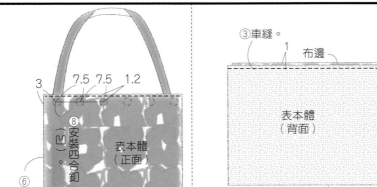

3　7.5 7.5 1.2

⑧安裝四合釦（凹）

表本體（正面）

⑥翻至正面。

⑧安裝四合釦（凹）

0.2

⑦車縫。

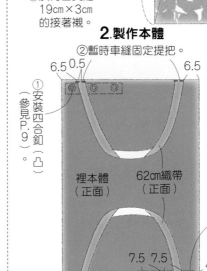

⑩車縫

0.3　⑨對摺　0.3

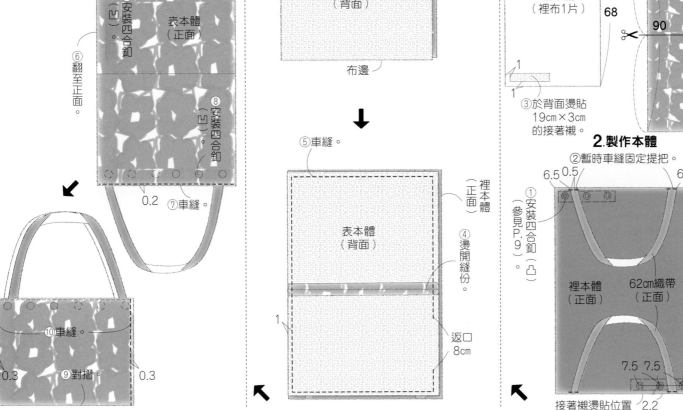

完成尺寸	材料（■…S・■…M・■…L・■…共用）
S…寬17×高13cm	**表布**（橫條紋紡織布料）
M…寬23×高17cm	40cm×20cm・50cm×20cm・70cm×30cm
L…寬33×高23cm	**配布**（PVC透明果凍布）20cm×10cm・25cm×15cm・35cm×20cm
原寸紙型	**人字帶** 寬18mm 70cm・90cm・120cm
B面	**拉鍊** 14cm・20cm・30cm 各1條
	雞眼釦 內徑10mm 3個／**活動卡圈** 直徑3.5cm 1個

3.完成！

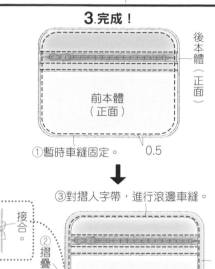

①暫時車縫固定。　0.5

③對摺人字帶，進行滾邊車縫。

接合。

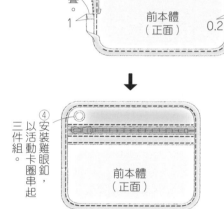

②摺疊。 1　0.2

④安裝雞眼釦，以活動卡圈串起三件組。

2.接縫拉鍊

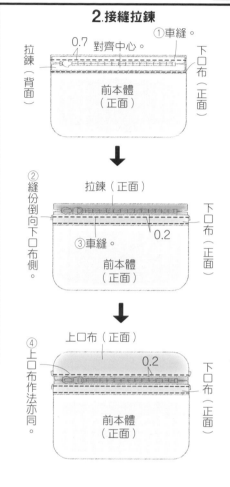

0.7　對齊中心。　①車縫。
拉鍊（背面）　下口布（正面）
前本體（正面）

②縫份倒向下口布側。
拉鍊（正面）　③車縫。　0.2
下口布（正面）
前本體（正面）

④上口布作法亦同。
上口布（正面）
下口布（正面）
前本體（正面）

裁布圖

※■…S・■…M・■…L・■…共用
※下口布無原寸紙型，請依標示的尺寸（已含縫份）直接裁剪。

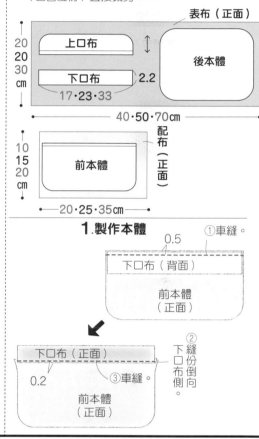

表布（正面）
上口布　20 20 30 cm
下口布　2.2
後本體
17・23・33
40・50・70cm

配布（正面）
前本體　10 15 20 cm
20・25・35cm

1.製作本體

0.5　①車縫。
下口布（背面）
前本體（正面）

下口布（正面）
0.2　③車縫
②縫份倒向下口布側。
前本體（正面）

完成尺寸	材料
寬23×高8cm	**表布**（平紋精梳棉布）30cm×35cm
原寸紙型	**裡布**（棉布）30cm×35cm／**金屬拉鍊** 20cm 1條
無	**合成皮滾邊條** 寬22mm 30cm

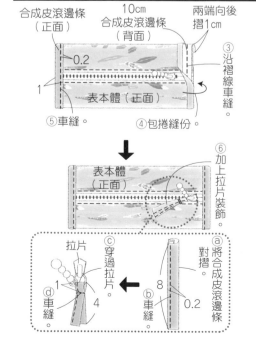

合成皮滾邊條（正面）　10cm
合成皮滾邊條（背面）
兩端向後摺1cm
0.2　③沿褶線車縫。
1　表本體（正面）
⑤車縫。　④包捲縫份。

表本體（正面）
⑥加上拉片裝飾。

拉片　ⓒ穿過拉片
ⓐ對摺　ⓐ將合成皮滾邊條
1　8　1 4　ⓑ車縫　0.2
ⓓ車縫

2.摺疊本體，完成！

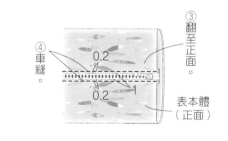

④車縫　0.2
0.2　1
③翻至正面。
表本體（正面）

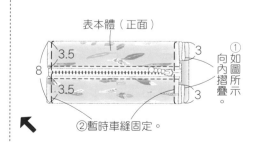

表本體（正面）
3.5　3
8
3.5　①如圖所示向內摺疊
②暫時車縫固定。

1.裁布

※標示的尺寸已含縫份。

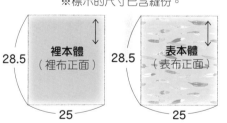

裡本體（裡布正面）28.5　表本體（表布正面）28.5
25　25

2.接縫拉鍊

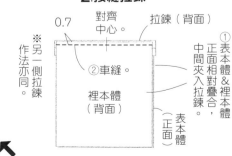

0.7　對齊中心。　拉鍊（背面）
②車縫。
裡本體（背面）
①表本體＆裡本體正面相對疊合，中間夾入拉鍊。
※另一側拉鍊作法亦同。
表本體（正面）

⑦口布裝上雞眼釦。

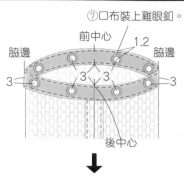

前中心
脇邊　脇邊
1.2
3　3　3　3
後中心

⑧將60cm棉繩穿入雞眼釦。

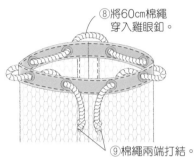

⑨棉繩兩端打結。

4.製作肩帶

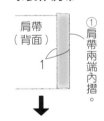

①肩帶兩端內摺。

②如圖所示摺四褶＆車縫固定。
0.2
0.2
肩帶（正面）

③穿過問號鉤後，摺疊布端。
肩帶（正面）
0.2
④車縫。
2
※另一側作法亦同。

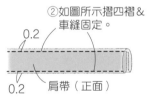

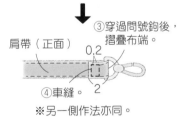

肩帶（正面）
⑤以勾住問號鉤D型環
表下本體（正面）

※裡下本體作法亦同。

④對摺。
表下本體（背面）
1
⑤車縫。

※裡下本體與裡底作法亦同。

⑦與表底正面相對疊放。
表底（背面）
⑧車縫。
1
⑥燙開縫份。
1
表下本體（背面）

⑨縫份倒向背側。

⑩表下本體＆裡下本體背面相對疊合，中間夾入上本體。

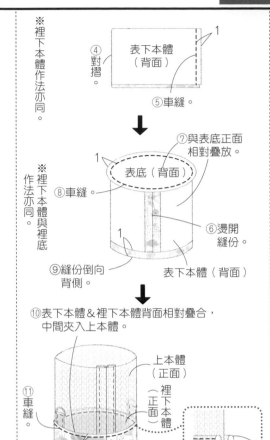

⑪車縫。
上本體（正面）
裡下本體（正面）
0.2
表下本體（正面）
1

3.接縫口布

①對摺。
口布（背面）
1
②車縫。

口布（正面）

口布（正面）
5
④摺疊。
③燙開縫份。

⑤將口布對摺，包夾上本體。
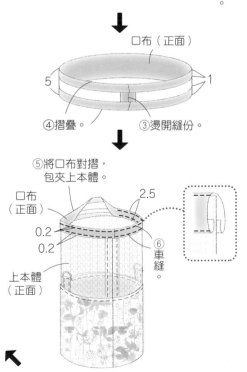
口布（正面）
2.5
0.2
0.2
⑥車縫。
上本體（正面）

〔裁布圖〕

※除了表・裡底之外皆無原寸紙型，請依標示的尺寸（已含縫份）直接裁剪。

表・裡布（正面）
※裡布的裁法亦同。
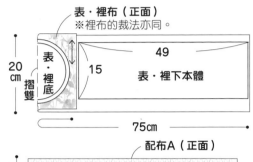
20cm
表・裡底
摺雙
49
15
表・裡下本體
75cm

配布A（正面）
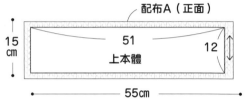
15cm
51
12
上本體
55cm

配布B（正面）
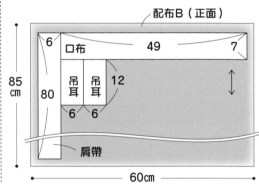
6　口布　49　7
85cm
80
6　6　12
吊耳　吊耳
肩帶
60cm

1.製作吊耳＆接縫於上本體

①吊耳背面相對摺四褶。
0.2
1.5
②車縫。
0.2
吊耳（正面）

正吊耳面（正面）
0.5
③穿入D型環，暫時車縫固定。
※另一片作法亦同。

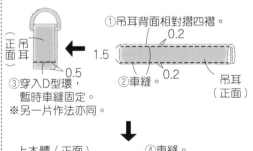
上本體（正面）
④車縫
5　0.2　　5　0.2
12　　11　　11　　12
吊耳（正面）　中心　吊耳（正面）

2.製作本體

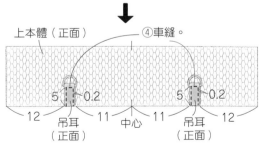

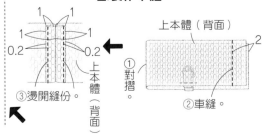
1　1
1　1
0.2　0.2
上本體（背面）
③燙開縫份。
上本體（背面）
2
①對摺。
②車縫。

完成尺寸	材料
高18×直徑11cm	表布（帆布）55cm×15cm
	裡布（帆布）55cm×15cm
原寸紙型	配布A（透氣網布）40cm×15cm
B面	配布B（棉布）40cm×10cm／棉繩 粗0.4cm 50cm

P.23_No.47
網布束口袋

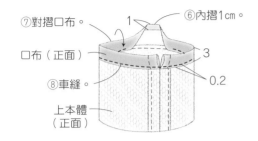

⑦對摺口布。
⑥內摺1cm。
1
口布（正面）
⑧車縫。
3
0.2
上本體（正面）

2.製作本體＆穿入束口繩

①參見P.84步驟**2**④至⑨，製作表・裡下本體。

②表下本體＆裡下本體背面相對疊合，中間夾入上本體。

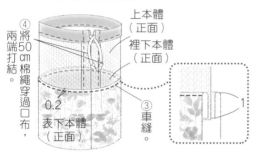

④兩端將50cm棉繩打結。棉繩穿過口布，
上本體（正面）
裡下本體（正面）
0.2
③車縫。
表下本體（正面）
1

1.接縫口布

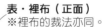
口布（背面）1
②縫份倒向口布側。
①口布＆上本體正面相對疊合車縫。
上本體（背面）

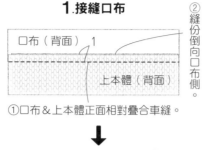
④對摺。
口布（背面）
上本體（背面）
③僅車縫上本體。
2

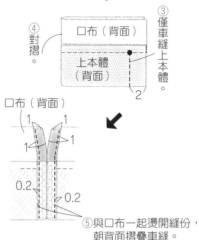
口布（背面）
1 1 1
1
0.2
0.2
⑤與口布一起燙開縫份，朝背面摺疊車縫。

裁布圖

※除了表・裡底之外皆無原寸紙型，請依標示的尺寸（已含縫份）直接裁剪。

表・裡布（正面）
※裡布的裁法亦同。

15cm
表・裡底 摺雙
36.5
10
表・裡下本體
55cm

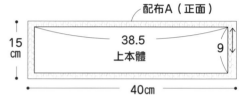
配布A（正面）
15cm
38.5
9
上本體
40cm

配布B（正面）
10cm
口布
38.5
8
40cm

完成尺寸	材料
寬13×高15×側身5.5cm	表布（牛津布）40cm×30cm
	裡布（棉布）40cm×30cm
原寸紙型	接著襯（厚）40cm×30cm
B面	口金（寬13cm 高6cm）1個

P.17_No.33
口金收納包

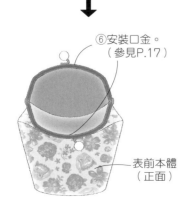
⑤車縫。
裡後本體（正面）
0.2
④返口縫份內摺。
表前本體（正面）
③翻至正面。

⑥安裝口金。（參見P.17）
表前本體（正面）

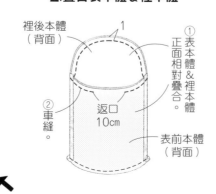
表後本體（背面）
③燙開縫份。
④與表底正面相對疊放＆車縫。
1
表底（背面）
※裡本體＆裡底作法亦同。

2.疊合表本體＆裡本體

裡後本體（背面）
1
①表本體＆裡本體正面相對疊合。
②車縫。
返口10cm
表前本體（背面）

裁布圖

※除了表・裡底之外皆無原寸紙型，請依標示的尺寸（已含縫份）直接裁剪。
※▢▢▢處需於表本體背面燙貼接著襯。

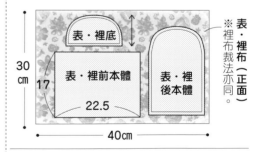
30cm
17
表・裡底
表・裡前本體
22.5
表・裡後本體
40cm
表・裡布裁法亦同。
表・裡布（正面）

1.製作表本體

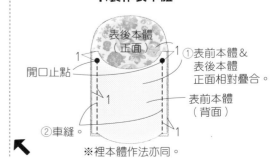
表後本體（正面）
①表前本體＆表後本體正面相對疊合。
開口止點
1
1
表前本體（背面）
②車縫。
1
1
※裡本體作法亦同。

85

完成尺寸	材料
本體…寬約54×高約60cm	表布（PE滌塔夫防水布）120cm×140cm
小收納袋…寬17×高13×側身4cm	FLATKNIT拉鍊 43cm 1條／接著襯（厚）5cm×5cm
原寸紙型	塑膠四合釦 14mm 1組／木珠 直徑1cm 1個
A面	滾邊斜布條 寬1cm 300cm／棉織帶 寬2cm 50cm
	5號繡線 1束／珠鍊 12cm1條

5.疊合本體＆貼邊

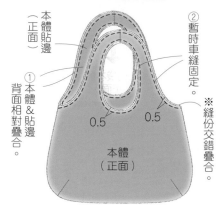

①本體貼邊（正面）
②暫時車縫固定。
①本體背面相對疊合。
※縫份交錯疊合。
0.5　0.5
本體（正面）

6.製作＆接縫流蘇

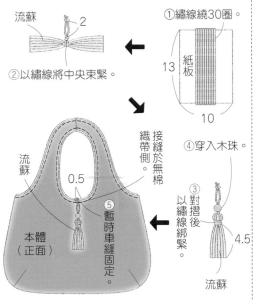

流蘇
2
②以繡線將中央束緊。

①繡線繞30圈。
紙板
13
10

接縫於無棉織帶側。
④穿入木珠。
③對摺後以繡線綁緊。
流蘇
4.5

流蘇
0.5
本體（正面）
⑤暫時車縫固定。

7.進行滾邊

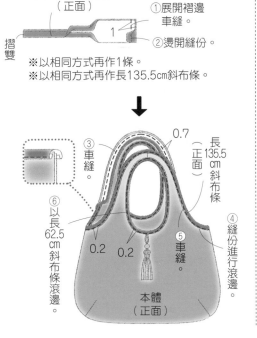

長62.5cm斜布條（正面）
①展開褶邊車縫。
②燙開縫份。
摺雙
1
※以相同方式再作1條。
※以相同方式再作長135.5cm斜布條。

③車縫。
0.7
長135.5cm斜布條
⑥以長62.5cm斜布條滾邊
0.2　0.2
④縫份進行滾邊。
⑤車縫。
本體（正面）

3.製作本體貼邊

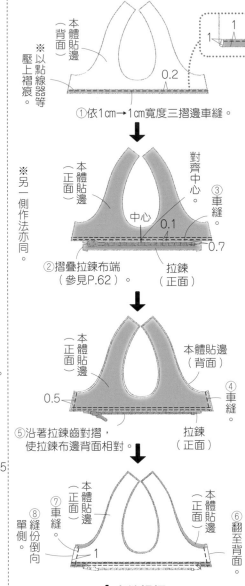

本體貼邊（背面）
1
1
※以點線器等壓上褶痕。
①依1cm→1cm寬度三摺邊車縫。
0.2

本體貼邊（正面）
對齊中心
③車縫。
中心
0.1
0.7
②摺疊拉鍊布端（參見P.62）。
拉鍊（正面）
※另一側作法亦同。

本體貼邊（正面）
本體貼邊（背面）
0.5
④車縫。
拉鍊（正面）

⑤沿著拉鍊齒對摺，使拉鍊布邊背面相對。

本體貼邊（正面）
本體貼邊（正面）
⑧縫份倒向單側。
⑦車縫。
1
⑥翻至背面。

4.車縫提把

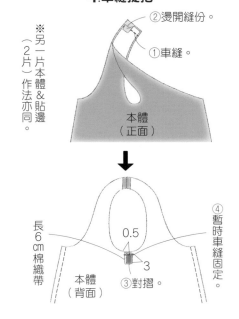

②燙開縫份。
①車縫。
本體（正面）
※另一片本體＆貼邊（2片）作法亦同。

長6cm棉織帶
0.5
③對摺。
④暫時車縫固定。
本體（背面）
3
本體（背面）

裁布圖

※收納袋本體＆貼邊無原寸紙型，請依標示的尺寸（已含縫份）直接裁剪。

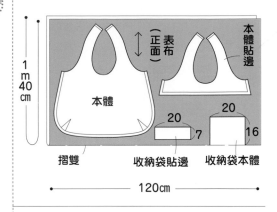

1m40cm
（正面）表布
本體
本體貼邊
20　7
20　16
摺雙
收納袋貼邊
收納袋本體
120cm

1.車縫尖褶

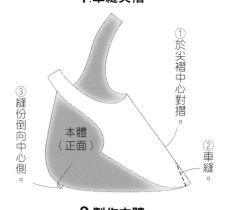

①於尖褶中心對摺。
③縫份倒向中心側。
本體（正面）
②車縫。

2.製作本體

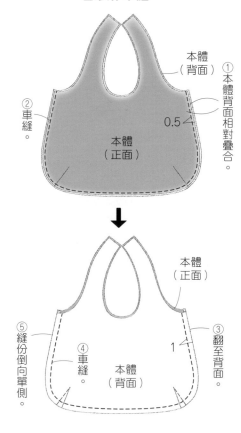

本體（背面）
②車縫。
①本體背面相對疊合。
0.5
本體（正面）

本體（正面）
⑤縫份倒向單側。
④車縫。
本體（背面）
1
③翻至背面。

86

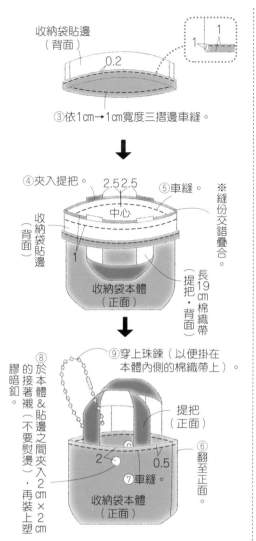

收納袋貼邊（背面）
0.2
1
③依1cm→1cm寬度三摺邊車縫。

④夾入提把。
2.5 2.5
中心
⑤車縫。
※縫份交錯疊合。
收納袋貼邊（背面）
1
收納袋本體（正面）
（提把・背面）
長19cm棉織帶

⑧於本體&貼邊之間夾入2cm×2cm塑膠的接著襯（不要熨燙），再裝上塑膠暗釦。
⑨穿上珠鍊（以便掛在本體內側的棉織帶上）。
提把（正面）
2
0.5
⑦車縫。
⑥翻至正面。
收納袋本體（正面）

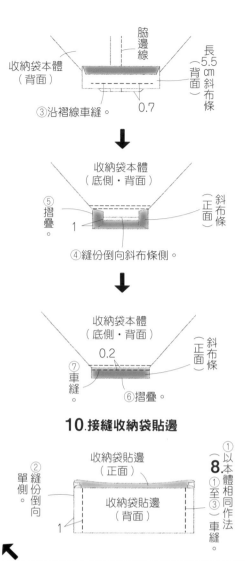

脇邊線
收納袋本體（背面）
長5.5cm背面斜布條
0.7
③沿褶線車縫。

收納袋本體（底側・背面）
（正面）斜布條
⑤摺疊
1
④縫份倒向斜布條側。

收納袋本體（底側・背面）
0.2
（正面）斜布條
⑦車縫。
⑥摺疊。

10.接縫收納袋貼邊

收納袋貼邊（正面）
收納袋貼邊（背面）
1
②縫份倒向單側。
①以本體相同作法①至③車縫。⑧

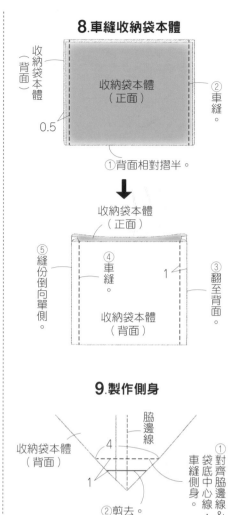

8.車縫收納袋本體

收納袋本體（背面）
收納袋本體（正面）
0.5
②車縫。
①背面相對摺半。

收納袋本體（正面）
④車縫。
⑤縫份倒向單側。
③翻至背面。
1
收納袋本體（背面）

9.製作側身

收納袋本體（背面）
脇邊線
4
1
①對齊脇邊線&袋底中心線，車縫側身。
②剪去。

完成尺寸	材料	
直徑40cm	表布（亞麻布）100cm×30cm	
原寸紙型	裡布（亞麻布）50cm×50cm	
A面	圓繩 粗0.3cm 250cm	

P.24_No.49
圓形束口袋

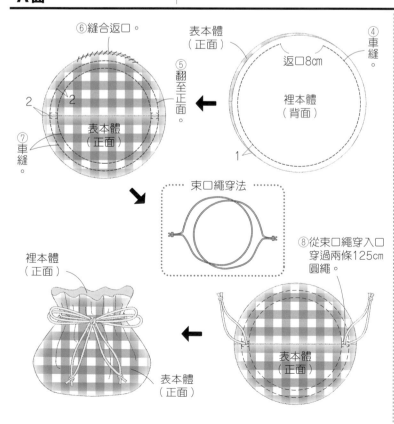

⑥縫合返口。
表本體（正面）
④車縫。
⑤翻至正面。
返口8cm
裡本體（背面）
2
2
表本體（正面）
⑦車縫。
1

束口繩穿法

裡本體（正面）
表本體（正面）

⑧從束口繩穿入口穿過兩條125cm圓繩。

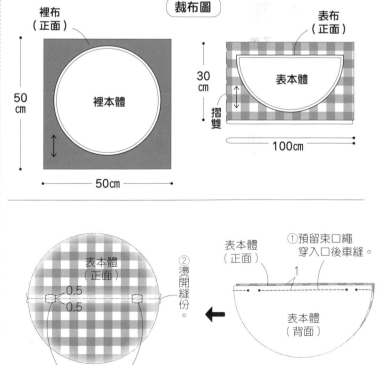

裁布圖

裡布（正面）
裡本體
50cm
50cm

表布（正面）
表本體
30cm
摺雙
100cm

表本體（正面）
0.5
0.5
②燙開縫份。
③車縫束口繩穿入口周圍。

①預留束口繩穿入口後車縫。
表本體（正面）
1
表本體（背面）

完成尺寸
No.50：（本體）寬30cm×高24cm×側身12cm
　　　（束口布）寬26cm×高25cm×側身12cm
No.61：寬26cm×高25cm×側身12cm

原寸紙型
A面

材料（■…No.50・■…No.61）
表布（PVC透明果凍布）85cm×35cm
配布（10號帆布）85cm×35cm／提把 直徑13cm 1組
圓繩 粗0.3cm 200cm／雞眼釦 內徑6mm 8個
表布（多色帆布）60cm×35cm／裡布（棉布）85cm×25cm
配布（多色帆布）40cm×45cm
接著襯（厚）85cm×35cm／雞眼釦 內徑6mm 8個
D型環 15mm 2個／問號鉤 20mm 2個／圓繩 粗0.5cm 60cm

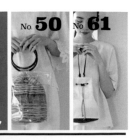

P.25_No.**50**
透明手提袋
P.39_No.**61**
雞眼釦水桶包

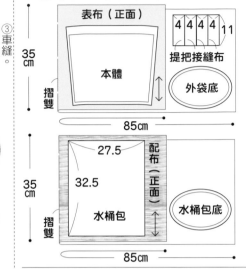

裁布圖

No.**50**
※除了本體・外袋底・水桶包底之外皆無原寸紙型，請依標示的尺寸（已含縫份）直接裁剪。

表布（正面） 35cm 摺雙
本體
提把接縫布 4 4 4 4 11
外袋底

配布（正面） 35cm 摺雙
27.5　32.5
水桶包
水桶包底
85cm

No.**61**
※除了表・裡水桶包底之外皆無原寸紙型，請依標示的尺寸（已含縫份）直接裁剪。
※□ 處需於背面燙貼接著襯。

表布（正面） 35cm 摺雙
27.5　32.5
表水桶包
60cm

配布（正面） 45cm
繩擋 4　8　6
吊耳 吊耳 6.5　6　6　提把 42
表水桶包底
40cm

裡布（正面） 25cm 摺雙
27.5　21.5
裡水桶包
裡水桶包底
85cm

1.製作本體（僅No.50）
② 燙開縫份。
① 車縫。
本體（背面）
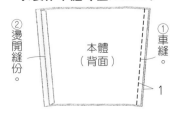

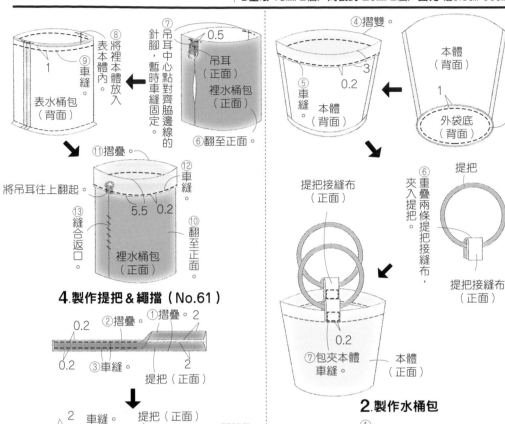

① 車縫 本體（背面）
④ 摺雙
本體（背面）
外袋底（背面）
③ 車縫。
⑥ 翻至正面。

⑦ 吊耳中心點對齊脇邊線的針腳，暫時車縫固定。
0.5　吊耳（正面）　裡水桶包（正面）　0.2

⑧ 將裡本體放入表本體內。
⑨ 車縫
表水桶包（背面）　1

⑪ 摺疊。
⑫ 車縫
將吊耳往上翻起。　5.5　0.2
⑬ 縫合返口。
⑩ 翻至正面。
裡水桶包（正面）

2.製作水桶包
① 兩脇邊進行Z字形車縫
水桶包（背面）
② 依本體作法車縫＆燙開縫份
④ 兩片一起進行Z字形車縫（僅No.50）
水桶包底（背面）
③ 車縫。
※ 裡No.61表水桶包＆裡水桶包的脇邊與表水桶包底作法亦同・（但裡水桶包的脇邊需預留返口）

提把接縫布（正面）
⑥ 重疊兩條提把接縫布，夾入提把。
提把
提把接縫布（正面）
⑦ 包夾本體車縫。　0.2　本體（正面）

3.車縫袋口
No.**50**
① 依三摺邊車縫5.5cm寬度　0.2
水桶包（背面）　5.5　1

No.**61**
③ 車縫。
吊耳（正面）　吊耳（正面）
② 摺疊　1.5　1.5
① 摺疊
0.2　0.2
④ 穿過D型環後摺疊車縫。
D型環
※另一片作法亦同。

4.製作提把＆繩擋（No.61）
② 摺疊　0.2
① 摺疊　2
③ 車縫。　0.2　2
提把（正面）

2　車縫　提把（正面）　問號鉤
1　0.2
④ 穿入問號鉤。

繩擋（正面）
繩擋（背面）
⑥ 車縫
繩擋（背面）
⑤ 摺疊。　1
⑦ 燙開縫份，翻至正面車縫。

5.安裝雞眼釦＆穿入圓繩
No.**50**
脇邊　脇邊
② 安裝雞眼釦。
3.2　6.4　3.2　中心
③ 穿入兩條100cm圓繩。
④ 打結。
① 翻至正面
水桶包（正面）

束口繩穿法

No.**61**
⑤ 接上提把。
② 安裝雞眼釦（參見No.50）
③ 穿入長60cm圓繩。
繩擋（正面）
① 翻至正面
表水桶包（正面）
④ 穿入繩擋後打結。

No.51　No.59

完成尺寸	材料（　…No.51・　…No.59・　…共用）
寬35×高31.5×側身10cm	**表布**（平織布）85cm×95cm
	（多色帆布）75cm×75cm
原寸紙型	**配布**（PVC透明果凍布）85cm×95cm
A面	（多色帆布）90cm×15cm
	裡布（棉布）55cm×95cm
	接著襯（厚）90cm×90cm

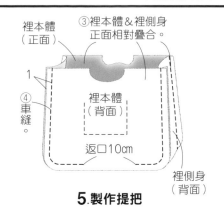

③裡本體＆裡側身正面相對疊合。

裡本體（正面）

④車縫。

1

裡本體（背面）

返口10cm

裡側身（背面）

5.製作提把

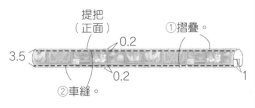

提把（正面）

①摺疊。

3.5

0.2

0.2

②車縫。

1

6.疊合表本體＆裡本體

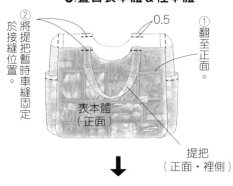

②於接縫位置將提把暫時車縫固定。

①翻至正面。

0.5

表本體（正面）

提把（正面・裡側）

2.製作側身

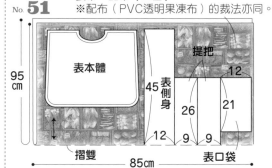

①表口袋的袋口邊依2cm→1cm寬度三摺邊。

②車縫。

0.2

表口袋（背面）

表口袋口

1

③摺疊。

2

1

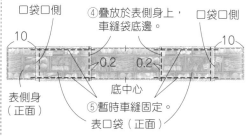

④疊放於表側身上，車縫袋底邊。

□袋口側

□袋口側

10

10

0.2　0.2

底中心

表側身（正面）

⑤暫時車縫固定。

表口袋（正面）

3.接縫內口袋

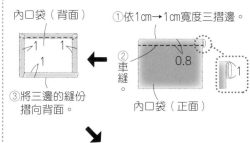

內口袋（背面）

①依1cm→1cm寬度三摺邊。

②車縫。

1　1

1

0.8

1

③將三邊的縫份摺向背面。

內口袋（正面）

4.製作表本體＆裡本體

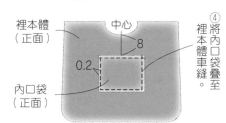

裡本體（正面）

中心

8

內口袋（正面）

0.2

④將內口袋疊至裡本體車縫。

裁布圖

※除了表・裡本體之外皆無原寸紙型，請依標示的尺寸（已含縫份）直接裁剪。

No.**51**

表布・配布（正面）
※配布（PVC透明果凍布）的裁法亦同。

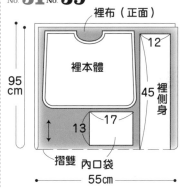

表本體

95cm

表側身

45

26

12

提把

12

21

9　9

摺雙

85cm

表口袋

No.**51** No.**59**

裡布（正面）

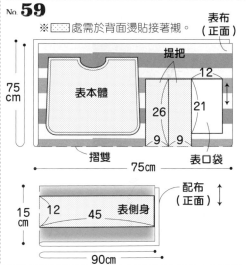

裡本體

95cm

裡側身

45

12

13　17

摺雙

內口袋

55cm

No.**59**

※□□□處需於背面燙貼接著襯。

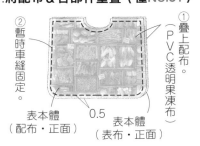

表本體

75cm

提把

12

26

21

9　9

摺雙

表布（正面）

75cm

表口袋

配布（正面）

15cm

12　45　表側身

90cm

1.將配布＆各部件重疊（僅No.51）

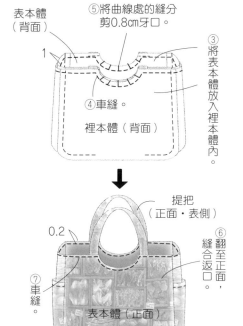

提把（正面・表側）

0.2

②翻至正面，縫合返口。

⑥縫合返口。

⑦車縫。

表本體（正面）

③將表本體放入裡本體內。

表本體（背面）

⑤將曲線處的縫分剪0.8cm牙口。

1

④車縫。

裡本體（背面）

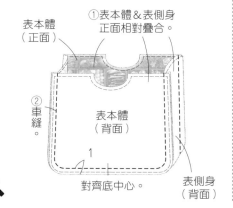

①表本體＆表側身正面相對疊合。

表本體（正面）

②車縫。

表本體（背面）

1

對齊底中心。

表側身（背面）

②暫時車縫固定。

①疊上配布。（PVC透明果凍布）

表本體（配布・正面）

0.5

表本體（表布・正面）

※另一片表本體・表側身・提把（2片）・表口袋也疊上配布，暫時車縫固定。

完成尺寸
寬20×高10×側身10cm

原寸紙型
B面

材料
表布（防水布）75cm×25cm
FLATKNIT拉鍊 30cm 1條

P.28_No.56
防水波奇包

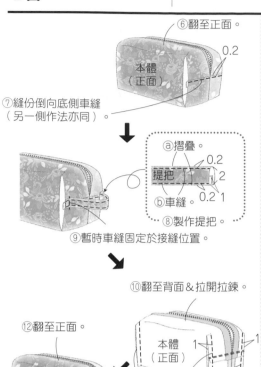

⑥翻至正面。
0.2
本體（正面）
⑦縫份倒向底側車縫（另一側作法亦同）。
ⓐ摺疊。
0.2
提把
0.2 2
1
ⓑ車縫。 0.2 1
⑧製作提把。
⑨暫時車縫固定於接縫位置。
⑩翻至背面&拉開拉鍊。
⑫翻至正面。
本體（正面）1
本體（正面）
⑪車縫。

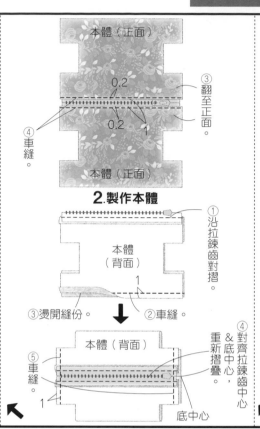

本體（正面）
0.2
0.2 1
③翻至正面。
④車縫。
本體（正面）
2.製作本體
①沿拉鍊齒對摺。
本體（背面）
③燙開縫份。
②車縫。
1
本體（背面）
④對齊拉鍊齒中心&底中心，重新摺疊。
⑤車縫。
1
底中心

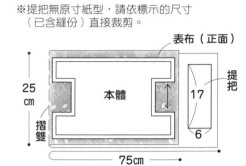

裁布圖
※提把無原寸紙型，請依標示的尺寸（已含縫份）直接裁剪。
表布（正面）
25cm
摺雙
本體
提把
17
6
75cm

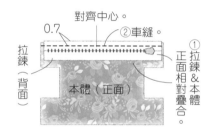

1.接縫拉鍊
對齊中心。
0.7
②車縫
拉鍊（背面）
本體（正面）
①拉鍊&本體正面相對疊合。
※另一片作法亦同。

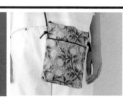

完成尺寸
寬20×高25×側身3cm

原寸紙型
無

材料
表布（防水布）80cm×35cm
FLATKNIT拉鍊 20cm 2條
圓繩 粗0.8cm 140cm

P.28_No.57
防水小肩包

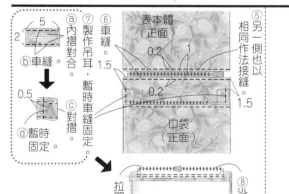

5
2
ⓐ內摺對合。
⑦製作吊耳，暫時車縫固定。
ⓑ車縫。
0.5
ⓒ對摺
ⓓ暫時固定。
⑥車縫。
表本體（正面）
0.2 1
1.5
0.2
1.5
⑤相同作法接縫另一側也以
口袋（正面）
拉開拉鍊
⑩燙開縫份
表本體（背面）
⑨車縫。
1
⑧沿拉鍊齒對摺。

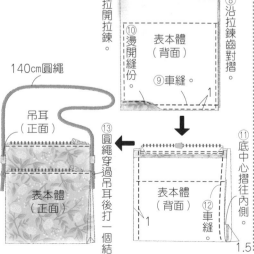

140cm圓繩
吊耳（正面）
⑬圓繩穿過吊耳後打一個結
表本體（正面）
⑪底中心摺往內側
表本體（背面）
1
⑫車縫。
1.5

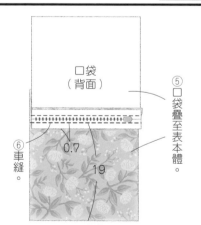

口袋（背面）
⑤口袋疊至表本體
⑥車縫。
0.7
19
2.製作本體

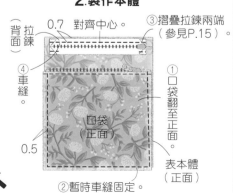

拉鍊 背面
0.7 對齊中心。
③摺疊拉鍊兩端（參見P.15）。
④車縫。
①口袋翻至正面。
口袋（正面）
表本體（正面）
0.5
②暫時車縫固定。

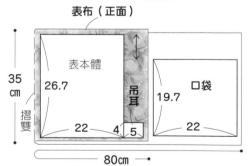

裁布圖
※標示的尺寸已含縫份。
表布（正面）
35cm
摺雙
表本體
26.7
吊耳
口袋
19.7
22
4
5
22
80cm

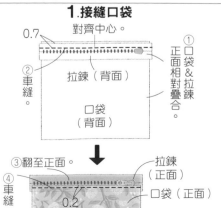

1.接縫口袋
對齊中心。
0.7
②車縫
拉鍊（背面）
口袋（背面）
①口袋&拉鍊正面相對疊合。
③翻至正面。
拉鍊（正面）
0.2
④車縫。
口袋（正面）

完成尺寸	材料
寬40×高35×側身10cm	表布（多色帆布）85cm×60cm
	配布（多色帆布）65cm×10cm
原寸紙型	裡布（棉布）90cm×45cm
A面	接著襯（厚）90cm×45cm

方形手提袋

4.完成！

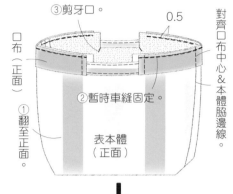

③剪牙口。
0.5
口布（正面）
①翻至正面。
②暫時車縫固定。
表本體（正面）
對齊口布中心＆本體脇邊線。

↓

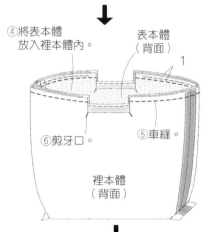

④將表本體放入裡本體內。
表本體（背面）
1
⑥剪牙口。
⑤車縫。
裡本體（背面）

↓

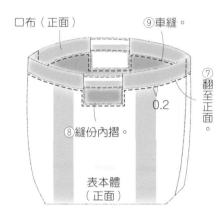

⑨車縫。
口布（正面）
⑦翻至正面。
0.2
⑧縫份內摺。
表本體（正面）

2.車縫側身

※另一片＆裡本體作法亦同。
1
表本體（背面）
①對齊脇邊線＆袋底中心線，車縫側身。

3.製作提把

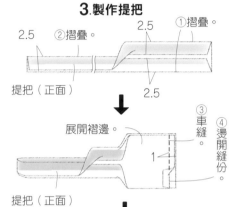

②摺疊。 2.5 2.5 ①摺疊。
2.5
提把（正面）

展開褶邊。
③車縫。
④燙開縫份。
1
提把（正面）

↓

提把（正面）
⑤恢復褶邊。

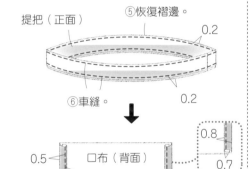

0.2
⑥車縫。
0.2

↓

0.5
口布（背面）
0.8
0.7

⑦依0.7cm→0.8cm寬度三摺邊車縫。

↓

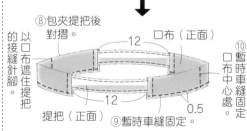

⑧包夾提把後對摺。
12
口布（正面）
⑩暫時車縫固定於口布中心處。
12
提把（正面）
⑨暫時車縫固定。
0.5
以口布遮住提把的接縫針腳。

〔裁布圖〕

※口布＆提把無原寸紙型，請依標示的尺寸（已含縫份）直接裁剪。
※□□處需於背面燙貼接著襯。

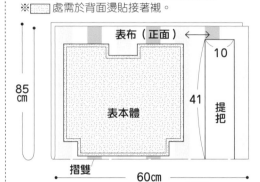

表布（正面）
85cm
10
41 提把
表本體
摺雙
60cm

配布（正面）
10cm
31
8 口布
摺雙
65cm

裡布（正面）
45cm
裡本體
摺雙
90cm

1.製作本體

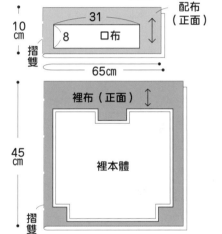

②燙開縫份。
①車縫。
表本體（背面）
裡本體作法亦同。
③車縫。
1
④翻至正面。

完成尺寸	材料
寬4×長97cm	疊緣 220cm
	D型環 40mm 2個
原寸紙型	
無	

腰帶

3.穿入D型環

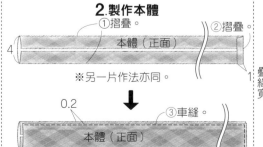

①穿入2個D型環。
1
②車縫。
本體（正面）
3
0.2

2.製作本體

①摺疊。 ②摺疊。
4
本體（正面）
※另一片作法亦同。

↓

0.2
③車縫。
本體（正面）

1.裁布

※標示的尺寸已含縫份。

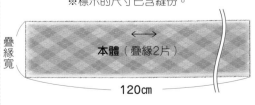

本體（疊緣2片）
疊緣寬
120cm

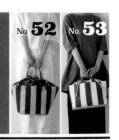
完成尺寸

No.52：寬55×高28×側身15.3cm
No.53：寬42.2×高22×側身12cm
（不含束口布）

原寸紙型

A面

材料（■…No.52・■…No.53）

表布（亞麻帆布）60cm×75cm・60cm×60cm
裡布（棉厚織布）75cm×110cm・70cm×80cm
配布（棉厚織布）130cm×45cm・110cm×40cm
包底　橢圓（29.5cm×15.5cm）
　　　方形（31.5cm×12cm）
附固定釦皮革提把（寬1.6cm 長60cm）／手縫線

3.製作裡本體

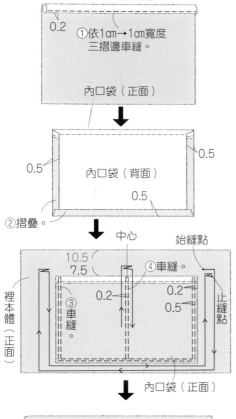

①依1cm→1cm寬度三摺邊車縫。
0.2
內口袋（正面）

0.5　內口袋（背面）　0.5
②摺疊。
0.5

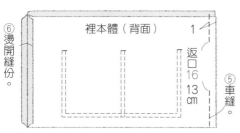

中心　始縫點
10.5
7.5
④車縫。
0.2　0.2
0.5
③車縫。
止縫點
裡本體（正面）
內口袋（正面）

裡本體（背面）　1
⑥燙開縫份。
返口16
13cm
⑤車縫。

※裡本體・裡底也以表本體相同作法車縫。

4.接縫束口布

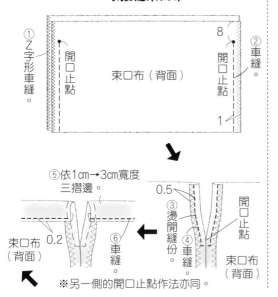

①乙字形車縫。
開口止點
束口布（背面）
8
②車縫。
開口止點
1
⑤依1cm→3cm寬度三摺邊。
0.5
③燙開縫份。
開口止點
0.2
束口布（背面）
⑥車縫。
束口布（背面）
※另一側的開口止點作法亦同。

1.製作提把（僅No.53）

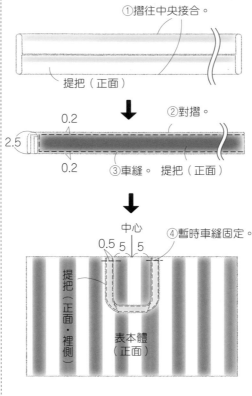

①摺往中央接合。
提把（正面）

②對摺。
0.2
2.5
0.2
③車縫。　提把（正面）

中心
④暫時車縫固定。
0.5　5　5
提把（正面・裡側）
表本體（正面）

2.製作表本體

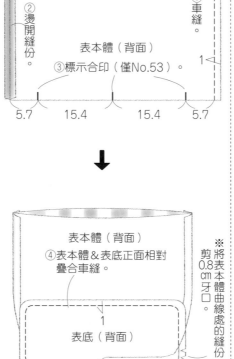

②燙開縫份。
①車縫。
表本體（背面）
③標示合印（僅No.53）。
1
5.7　15.4　15.4　5.7

④表本體&表底正面相對疊合車縫。
表本體（背面）
1
表底（背面）
對齊合印。
⑤翻至正面。
※將表本體曲線處的縫份剪0.8cm牙口。

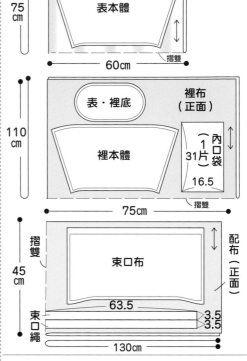

※內口袋・束口繩無原寸紙型，請依標示的尺寸（已含縫份）直接裁剪。

75cm
表本體
表布（正面）
60cm
摺雙

110cm
表・裡底
裡布（正面）
裡本體
內口袋（1片）31片
16.5
75cm
摺雙

45cm
束口布
配布（正面）
63.5
束口繩　3.5　3.5
130cm
摺雙

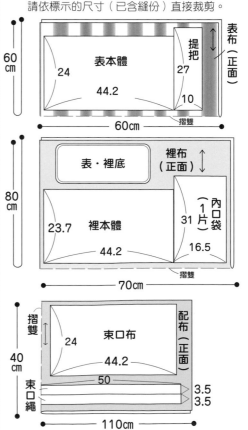

※除了表・裡底之外皆無原寸紙型，請依標示的尺寸（已含縫份）直接裁剪。

60cm
表本體
24
44.2
提把　27
10
表布（正面）
60cm
摺雙

80cm
表・裡底
裡布（正面）
23.7
裡本體
44.2
內口袋（1片）31片
16.5
70cm
摺雙

40cm
束口布
24
44.2
50
配布（正面）
束口繩　3.5　3.5
110cm
摺雙

⑥摺往中央接合。

束口繩（正面）

⑦摺疊
1

⑦摺疊
。
1

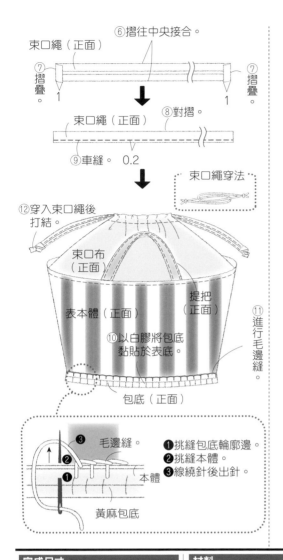

束口繩（正面）

⑨車縫。0.2

⑧對摺。

束口繩穿法

⑫穿入束口繩後打結。

束口布（正面）

提把（正面）

表本體（正面）

⑪進行毛邊縫。

⑩以白膠將包底黏貼於表底。

包底（正面）

③毛邊縫。

❶挑縫包底輪廓邊。
❷挑縫本體。
❸線繞針後出針。

本體

黃麻包底

束口布（正面）

提把（正面）

④車縫。0.2

③縫合至正面，翻至返口。

表本體（正面）

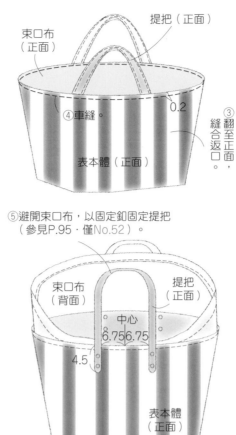

⑤避開束口布，以固定釦固定提把（參見P.95，僅No.52）。

束口布（背面）

提把（正面）

中心
6.75 6.75

4.5

表本體（正面）

⑧束口布疊至裡本體上。

⑨車縫。0.7

束口布（正面）

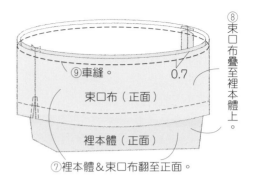

裡本體（正面）

⑦裡本體＆束口布翻至正面。

5.完成！

①將裡本體放入表本體內。

②車縫。

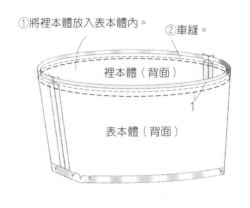

裡本體（背面）

1

表本體（背面）

完成尺寸	材料	
寬18×高17.5cm	表布（11號帆布）45cm×30cm	**P.27_No.54**
原寸紙型	暗釦 0.8cm 1組	**迷你手提袋**
無	D型環 15mm 1個	

3.製作本體

②車縫。

本體（正面）

0.3

①背面相對對摺。

④縫上暗釦。
※另一側亦同。

吊耳（正面）

中心1.5

③翻至背面

本體（背面）

⑤車縫。

1.2

（背面）

提把（正面）

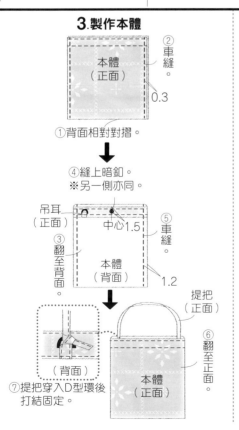

本體（正面）

⑥翻至正面。

⑦提把穿入D型環後打結固定。

2.接縫吊耳＆提把

2.5

0.5

①暫時車縫固定提把。

本體（正面）

②暫時車縫固定吊耳。

2.5 0.5

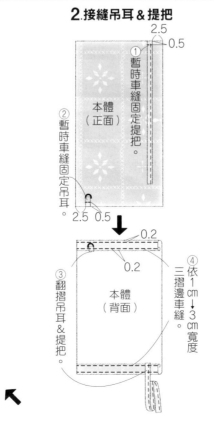

0.2

0.2

本體（背面）

③翻摺吊耳＆提把。

④依1cm三摺邊車縫，3cm寬度。

裁布圖

本體（正面）

40

4 提把

3 6.5

吊耳

43

30cm

21

本體

45cm

1.製作吊耳＆提把

吊耳（正面）

③穿入D型環後對摺

吊耳（正面）

①摺往中央接合

②車縫。

0.2 0.2

④暫時車縫固定。

0.5

吊耳（正面）

1.5

單側不摺。

⑤摺疊

提把（背面）

1

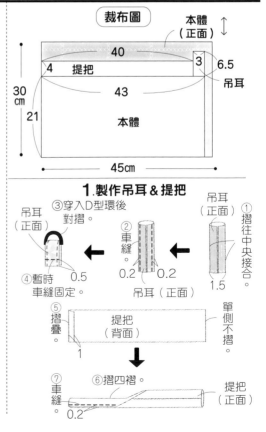

⑥摺四褶。

⑦車縫。

提把（正面）

0.2

完成尺寸
M：寬27×高27×側身12cm
L：寬32×高32×側身12cm

原寸紙型
無

材料（□…M・■…L・■…共用）

表布（10號帆布）90cm×45cm・100cm×50cm
配布A（10號帆布）75cm×35cm・85cm×40cm
配布B（棉布）30cm×15cm
裡布（棉厚織布79號）112cm×50cm・55cm
拉鍊 40cm 1條／D型環 20mm 2個
磁釦 14mm 1組
附固定釦皮革提把（寬2cm長40cm）1組

P.34_No.58
方形托特包 M・L

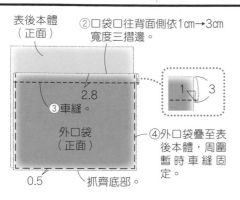

①表後本體（正面）
②口袋口往背面側依1cm→3cm寬度三摺邊。
③車縫。
2.8
外口袋（正面）
0.5
抓齊底部。
1　3
④外口袋疊至表後本體，周圍暫時車縫固定。

4.製作表前本體&側身

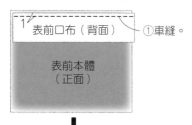

表前口布（背面）
①車縫。
表前本體（正面）

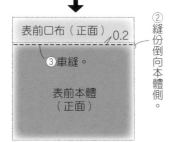

表前口布（正面）　0.2
③車縫。
②縫份倒向本體側。
表前本體（正面）

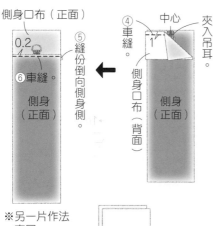

側身口布（正面）
0.2
⑥車縫。
⑤縫份倒向側身側。
側身（正面）
④車縫。
中心
1　夾入吊耳
側身口布（正面）
側身口布（背面）
側身（正面）

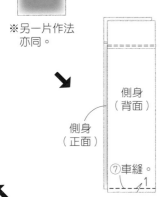

※另一片作法亦同。
側身（背面）
側身（正面）
⑦車縫。
1

※■…M・■…L・■…共用

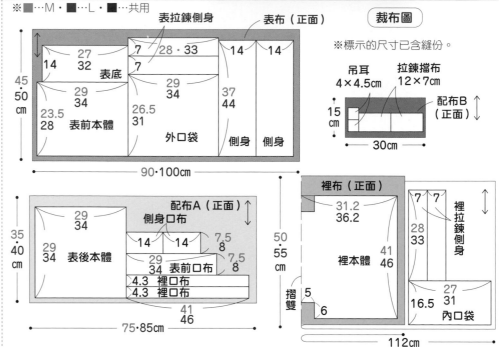

（裁布圖）
※標示的尺寸已含縫份。

表拉鍊側身　表布（正面）
7　28・33　14　14
27 / 32　14
表底
7
29 / 34　29 / 34　37 / 44
45・50 cm
23.5 / 28　26.5 / 31
表前本體　外口袋　側身　側身
90・100cm

配布A（正面）↑
29 / 34
側身口布
14　14
29 / 34　7.5 / 8
表後本體　29 / 34　7.5 / 8
表前口布
4.3 裡口布
4.3 裡口布
35・40 cm
41 / 46
75・85cm

吊耳 4×4.5cm　拉鍊擋布 12×7cm
15 cm　配布B（正面）↑
30cm

裡布（正面）
31.2 / 36.2
裡本體　41 / 46
摺雙　5 / 6
50・55 cm
7　7　裡拉鍊側身
28 / 33
27 / 31
16.5　內口袋
112cm

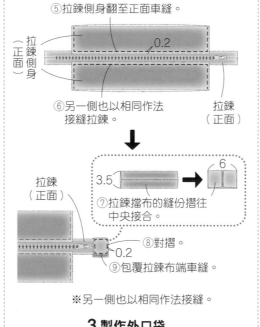

⑤拉鍊側身翻至正面車縫。
拉鍊側身（正面）　0.2
拉鍊側身（正面）
⑥另一側也以相同作法接縫拉鍊。
拉鍊（正面）
3.5 → 6
⑦拉鍊擋布的縫份摺往中央接合。
拉鍊（正面）
⑧對摺。
0.2
⑨包覆拉鍊布端車縫。
※另一側也以相同作法接縫。

3.製作外口袋

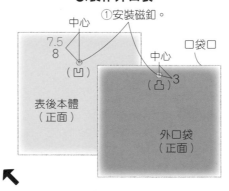

①安裝磁釦。
中心
7.5 / 8
（凹）
中心
（凸）3
口袋口
表後本體（正面）
外口袋（正面）

1.製作吊耳

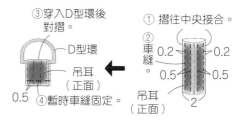

①摺往中央接合。
②車縫。
③穿入D型環後對摺。
D型環
吊耳（正面）
0.2　0.2
0.5　0.5
2
吊耳（正面）
④暫時車縫固定。
0.5
※另一個作法亦同。

2.製作拉鍊側身

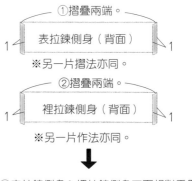

①摺疊兩端。
表拉鍊側身（背面）
1
※另一片摺法亦同。
②摺疊兩端。
裡拉鍊側身（背面）
1
※另一片作法亦同。

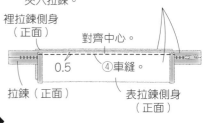

③表拉鍊側身&裡拉鍊側身正面相對重疊，夾入拉鍊。
裡拉鍊側身（正面）
對齊中心。
0.5　④車縫。
拉鍊（正面）
表拉鍊側身（正面）

94

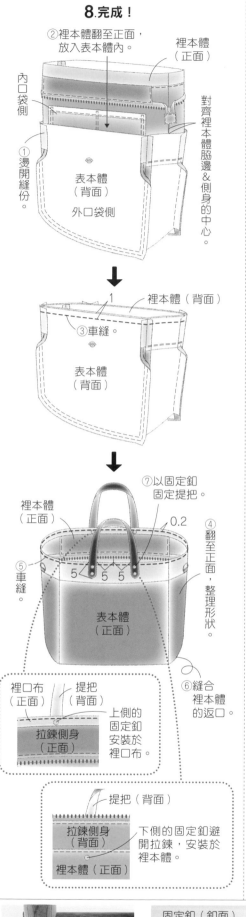

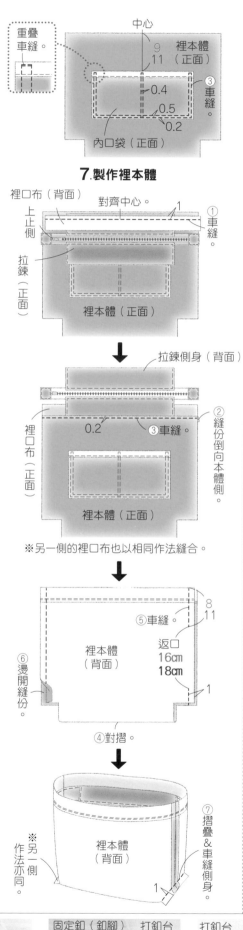

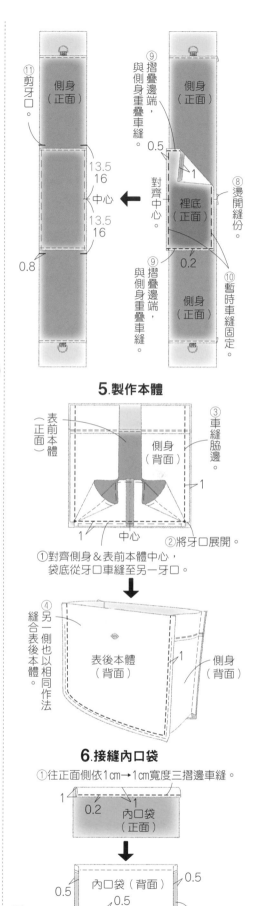

8.完成！

②裡本體翻至正面，放入表本體內。

裡本體（正面）

內口袋側

對齊裡本體脇邊&側身的中心。

表本體（背面）

外口袋側

①燙開縫份。

裡本體（背面）

③車縫。

1

表本體（背面）

⑦以固定釦固定提把。

裡本體（正面）

0.2

⑤車縫。

5 5 5

表本體（正面）

④翻至正面，整理形狀。

⑥縫合裡本體的返口。

裡口布（正面）

提把（背面）

上側的固定釦安裝於裡口布。

拉鍊側身（正面）

提把（背面）

下側的固定釦避開拉鍊，安裝於裡本體。

拉鍊側身（背面）

裡本體（正面）

重疊車縫。

中心

裡本體（正面）

9
11

③車縫。

0.4
0.5
0.2

內口袋（正面）

7.製作裡本體

裡口布（背面）

對齊中心。

上止側

拉鍊（正面）

①車縫。

1

0.2

③車縫。

裡口布（正面）

②縫份倒向本體側。

裡本體（正面）

拉鍊側身（背面）

※另一側的裡口布也以相同作法縫合。

⑥燙開縫份。

裡本體（背面）

⑤車縫。

8
11

返口
16㎝
18㎝

1

④對摺。

※另一側作法亦同。

⑦摺疊&車縫側身。

裡本體（背面）

1

---

⑪剪牙口。

側身（正面）

13.5
16

中心

13.5
16

0.8

側身（正面）

⑨摺疊邊端，與側身重疊車縫。

0.5

1

⑧燙開縫份。

對齊中心，與側身重疊車縫。

裡底（正面）

0.2

⑩暫時車縫固定。

側身（正面）

5.製作本體

表前本體（正面）

③車縫脇邊。

側身（背面）

1

1

中心

②將牙口展開。

①對齊側身&表前本體中心，袋底從牙口車縫至另一牙口。

④另一側也以相同作法縫合表後本體。

表後本體（背面）

側身（背面）

1

6.接縫內口袋

①往正面側依1㎝→1㎝寬度三摺邊車縫。

1
0.2
1

內口袋（正面）

0.5
0.5
0.5

內口袋（背面）

②摺疊。

④放上平凹斬，以木槌敲打固定。

木槌
平凹斬
固定釦（釦面）
完成！

③蓋上釦面。

固定釦（釦面）

本體（正面）

②以圓斬等在安裝位置打洞，再由背面穿出釦腳。

固定釦（釦腳）
打釦台

本體（正面）

①將釦腳置於打釦台上。

打釦台
固定釦（釦腳）

固定釦安裝方法

固定釦

釦腳
釦面

完成尺寸
寬30×高26×側身8cm

原寸紙型
B面

材料
表布（棉・聚酯纖維）137cm×35m
裡布（棉麻布）110cm×50cm
接著襯（軟）92cm×50cm
細繩（滾邊用）粗0.4至0.5cm 150cm
提把（寬2cm 40cm）1組／手縫線

⑤車縫。
0.3
⑥以手縫方式接縫提把。
裡本體（正面）
④將裡本體放入表本體內。
表本體（正面）
⑦車縫返口。

出芽滾邊繩接縫方法

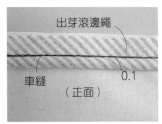

出芽滾邊繩
車縫
0.1
（正面）

①對齊本體＆出芽滾邊繩邊端，在出芽滾邊繩針腳（紅色針腳）上方0.1cm處暫時車縫固定（綠色針腳）。

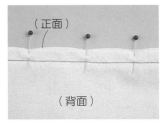

（正面）
（背面）

②將看得到①針腳（綠色針腳）的面朝上，底下再正面相對重疊欲滾邊的部件。

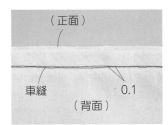

（正面）
車縫 0.1
（背面）

③在②針腳（綠色針腳）下方0.1cm處車縫（紅色針腳）。

出芽滾邊繩
（正面）

④翻至正面以熨斗整燙。

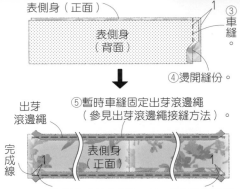

表側身（正面）
表側身（背面）
1
③車縫。
④燙開縫份。

⑤暫時車縫固定出芽滾邊繩（參見出芽滾邊繩接縫方法）。

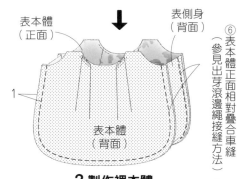

出芽滾邊繩
完成線
1
表側身（正面）
1

在距完成線內側1cm處，使出芽滾邊繩突出於縫份（繩端剪至合適長度）。

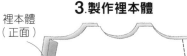

表本體（正面）
表側身（背面）
1
表本體（背面）

⑥表本體正面相對疊合車縫（參見出芽滾邊繩接縫方法）。

3.製作裡本體

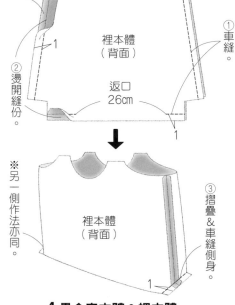

裡本體（正面）
1
裡本體（背面）
①車縫。
②燙開縫份。
返口26cm

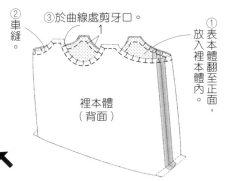

※另一側作法亦同。
裡本體（背面）
③摺疊＆車縫側身。
1

4.疊合表本體＆裡本體

②車縫。
③於曲線處剪牙口。
1
①表本體翻至正面，放入裡本體內。
裡本體（背面）

裁布圖

※表側身無原寸紙型，請依標示的尺寸（已含縫份）直接裁剪。
※ ░░ 處需於背面燙貼接著襯。

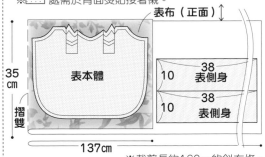

表布（正面）
35cm
表本體
摺雙
10 表側身 38
10 表側身 38
137cm

※裁剪長約160cm的斜布條。

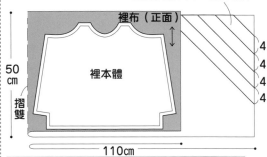

裡布（正面）
50cm
裡本體
摺雙
4
4
4
4
110cm

1.製作出芽滾邊繩

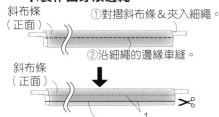

斜布條（正面）
①對摺斜布條＆夾入細繩。
②沿細繩的邊緣車縫。
斜布條（正面）
1

③剪去距②針腳1cm處的多餘布邊。

※製作長約150cm的出芽滾邊繩。

2.製作表本體

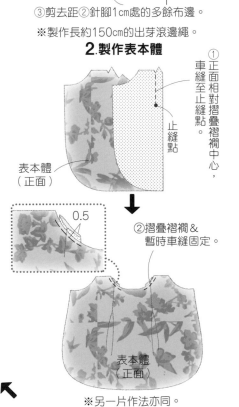

①正面相對摺疊褶襉中心，車縫至止縫點。
止縫點
表本體（正面）
②摺疊褶襉＆暫時車縫固定。
0.5
表本體（正面）

※另一片作法亦同。

完成尺寸	材料	

完成尺寸
寬56×高27cm

原寸紙型
B面

材料
表布（棉帆布）137cm×30m
裡布（麻布）105cm×70cm
包芯棉繩 粗1cm 140cm

P.43_No.**63**
布提把祖母包

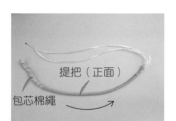

⑥慢慢將包芯棉繩穿進提把內。

提把（正面）
包芯棉繩

↓

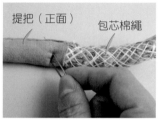

提把（正面）　包芯棉繩

⑦完全穿通後，將包芯棉繩止縫固定於提把兩端。

↓

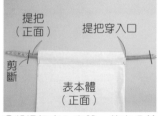

提把（正面）　提把穿入口
剪斷
表本體（正面）

⑧將提把穿入本體，剪去多餘的包芯棉繩。

↓

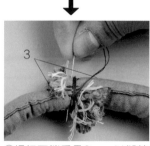

3

⑨提把兩端重疊3cm，以縫線牢固縫合。

↓

※依步驟①至⑪製作另一側提把。

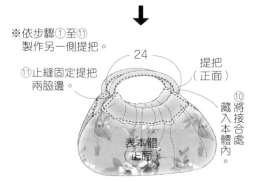

24
提把（正面）
⑪止縫固定提把兩脇邊。
⑩將接合處藏入本體內。
表本體（正面）

2.製作本體

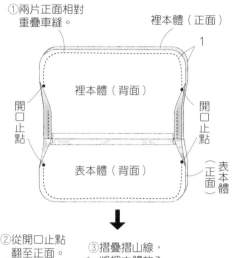

①兩片正面相對重疊車縫。
裡本體（正面）　1
開口止點
裡本體（背面）
開口止點
表本體（正面）
表本體（背面）

↓

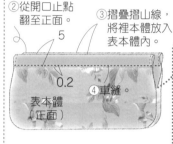 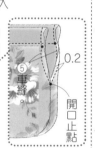

②從開口止點翻至正面。
5
③摺疊摺山線，將裡本體放入表本體內。
0.2
④車縫。
表本體（正面）
⑤車縫。
0.2
開口止點

3.接縫提把

提把（正面）
1
①摺疊。
提把（正面）
②對摺。
0.2
③車縫。

↓

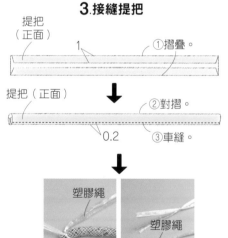

塑膠繩
塑膠繩
包芯棉繩
穿繩器

④將穿繩器穿入提把口。包芯棉繩剪成比提把長10cm，一端以塑膠繩綁緊。

↓

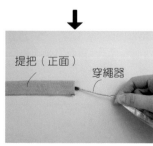

提把（正面）
穿繩器

⑤將穿繩器穿進提把內。

（裁布圖）

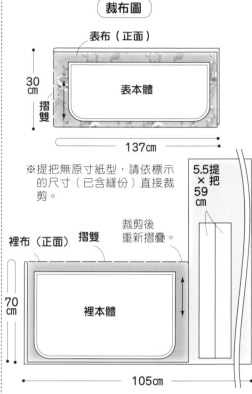

表布（正面）
30cm
摺雙
表本體
137cm

※提把無原寸紙型，請依標示的尺寸（已含縫份）直接裁剪。

5.5提把×59cm

裡布（正面）　摺雙　裁剪後重新摺疊。
70cm
裡本體
105cm

1.疊合表本體&裡本體

①表本體&裡本體正面相對疊合。
1
②車縫。
表本體（背面）
裡本體（正面）

↓

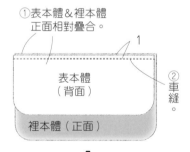

裡本體（背面）
③燙開縫份。
表本體（背面）

↓

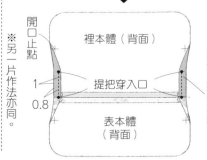

開口止點
裡本體（背面）
提把穿入口
1
0.8
表本體（背面）
④將提把穿入穿入口之間的縫份內摺後車縫。
※另一片作法亦同。

完成尺寸	材料
寬17×高7cm×側身5cm	表布（棉帆布）138cm×15m
原寸紙型	裡布（棉麻布）110cm×25cm
B面	接著襯（軟）92cm×15cm／拉鍊 20cm 1條
	細繩（滾邊用）粗0.4至0.5cm 70cm

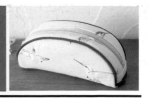

P.43_No.64 半月波奇包

4.將側身接縫於本體

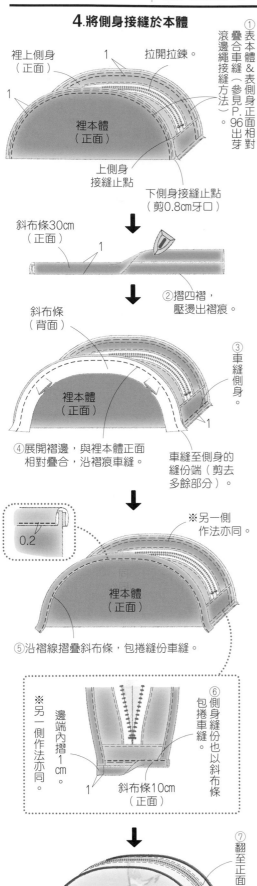

裡上側身（正面）　1
拉開拉鍊。
① 表本體&表側身正面相對疊合車縫，裡本體&裡側身正面相對滾邊繩接縫（參見P.96出芽滾邊繩接縫方法）。

裡本體（正面）　1

上側身接縫止點
下側身接縫止點（剪0.8cm牙口）

斜布條30cm（正面）　1

② 摺四褶，壓燙出褶痕。

斜布條（背面）

③ 車縫側身。

裡本體（正面）　1

④ 展開褶邊，與裡本體正面相對疊合，沿褶痕車縫。

車縫至側身的縫份端（剪去多餘部分）。

0.2

裡本體（正面）

⑤ 沿褶線摺疊斜布條，包捲縫份車縫。

※另一側作法亦同。

※另一側作法亦同。

斜布條10cm（正面）　1

⑥ 側身縫份也以斜布條包捲車縫。邊端內摺1cm。

⑦ 翻至正面。

表本體（正面）

裁布圖

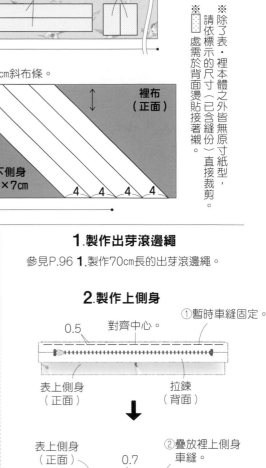

表布（正面）

15cm

表本體　表本體
表上側身 23.5×3.5cm
表下側身 3.7×7cm

138cm

※裁剪約160cm斜布條。

裡布（正面）

25cm

裡本體　裡本體
裡上側身23.5×3.5cm
裡下側身 3.7×7cm
4　4　4　4

110cm

※除了表・裡本體之外皆無原寸紙型，請依標示的尺寸（已含縫份）直接裁剪。

※標 處需於背面燙貼接著襯。

3.製作本體

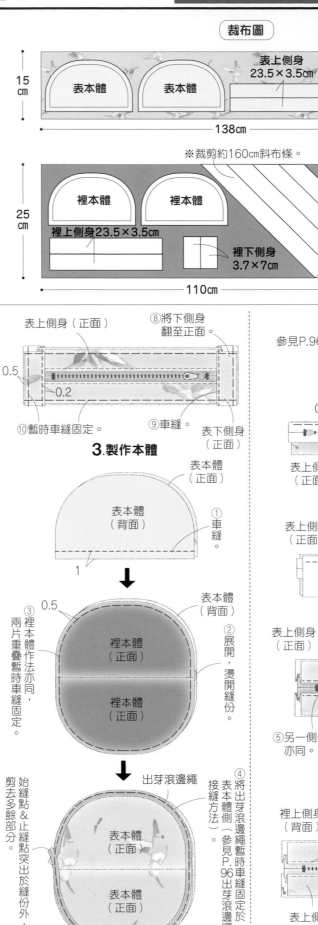

表上側身（正面）
⑧ 將下側身翻至正面。
0.5
0.2
⑩ 暫時車縫固定。
⑨ 車縫
表下側身（正面）

表本體（背面）
① 車縫
1

③ 裡本體作法亦同，兩片重疊暫時車縫固定。

0.5
② 展開，燙開縫份。
表本體（背面）
裡本體（正面）
裡本體（正面）

出芽滾邊繩
④ 將出芽滾邊繩暫時車縫固定於表本體側（參見P.96出芽滾邊繩接縫方法）。

始縫點&止縫點突出於縫份外，剪去多餘部分。

表本體（正面）
表本體（正面）

1.製作出芽滾邊繩

參見P.96 **1.**製作70cm長的出芽滾邊繩。

2.製作上側身

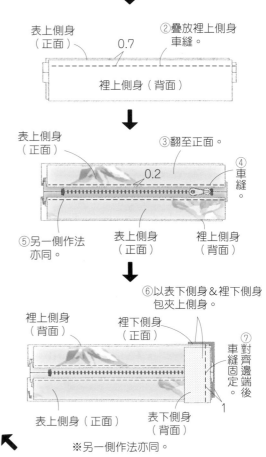

0.5
對齊中心。
① 暫時車縫固定。
表上側身（正面）
拉鍊（背面）

表上側身（正面）
② 疊放裡上側身車縫。
0.7
裡上側身（背面）

表上側身（正面）
③ 翻至正面。
0.2
④ 車縫。
⑤ 另一側作法亦同。
表上側身（正面）
裡上側身（背面）

⑥ 以表下側身&裡下側身包夾上側身。

裡上側身（背面）
裡下側身（正面）
⑦ 對齊車縫固定。
表上側身（正面）
表下側身（背面）
1

※另一側作法亦同。

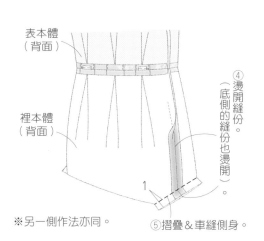

表本體（背面）

裡本體（背面）

④燙開縫份。（底側的縫份也燙開）。

1

⑤摺疊＆車縫側身。

※另一側作法亦同。

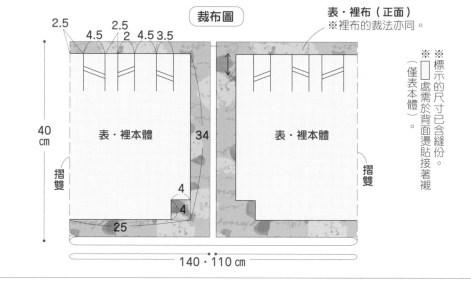

裁布圖

表・裡布（正面）
※裡布的裁法亦同。

2.5　4.5　2.5　2　4.5　3.5

40cm

摺雙　表・裡本體　34

4
4

25

摺雙　表・裡本體

140・110cm

※□標示的尺寸已含縫份。
※□處需於背面燙貼接著襯（僅表本體）。

3.疊合表本體＆裡本體

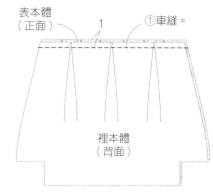

表本體（正面）
1　①車縫。

裡本體（背面）

※以相同作法再作1組。

⑥將表本體放入裡本體內。

⑦車縫。

開口止點

1

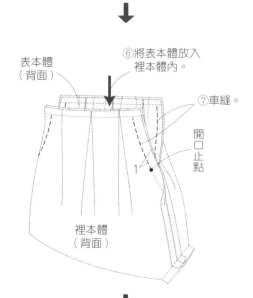

表本體（背面）

裡本體（背面）

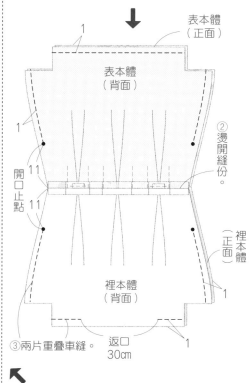

表本體（正面）
1

表本體（背面）

1

開口止點　11

11

1

②燙開縫份。

裡本體（正面）

裡本體（背面）

③兩片重疊車縫。

返口 30cm

1

1.摺疊褶襉

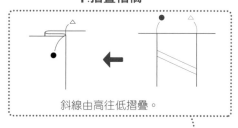

斜線由高往低摺疊。

①摺疊褶襉，車縫褶襉的摺山。

0.2　7

表本體（正面）

※另一片作法亦同。
※裡本體也以相同作法摺疊褶襉（但不車縫摺山）。

2.接縫提把

①皮革帶（33cm）剪成3cm寬。

0.2　③車縫。　1.5

提把（正面）　②對摺。

※另一條提把作法亦同。

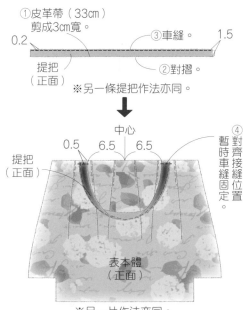

中心

0.5　6.5　6.5

提把（正面）

④對齊接縫位置暫時車縫固定

表本體（正面）

※另一片作法亦同。

⑧翻至正面。

表本體（正面）

⑨縫合返口。

完成尺寸	材料
寬35×高22×側身15cm	表布（防水布）80cm×40cm
原寸紙型	尼龍拉鍊 35cm 1條
無	尼龍織帶 3.8cm 160cm

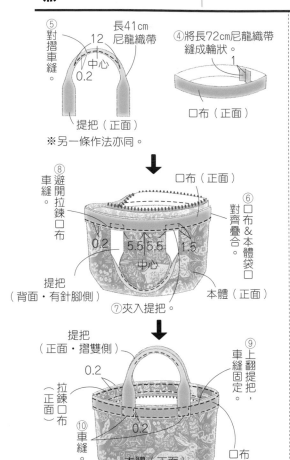

⑤對摺車縫。
長41cm尼龍織帶
12
中心
0.2
提把（正面）
※另一條作法亦同。

④將長72cm尼龍織帶縫成輪狀。
1
口布（正面）

⑧車縫。避開拉鍊口布
⑤對齊疊合
口布（正面）
0.2 5.5 5.5 1.5
中心
提把（背面・有針腳側）
⑥口布＆本體袋口對齊疊合。
本體（正面）
⑦夾入提把。

提把（正面・摺雙側）
0.2
拉鍊口布（正面）
⑨上翻提把，車縫固定。
0.2
⑩車縫。
本體（正面）
口布（正面）

2.製作拉鍊口布

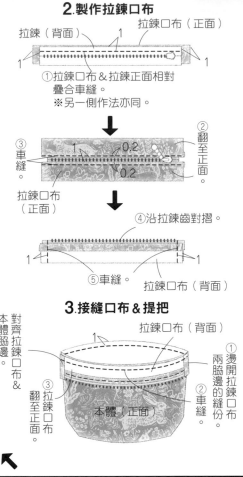

拉鍊（背面）
1
拉鍊口布（正面）
1
1
①拉鍊口布＆拉鍊正面相對疊合車縫。
※另一側作法亦同。

③車縫
1 0.2
0.2
②翻至正面
拉鍊口布（正面）

④沿拉鍊齒對摺。
⑤車縫。
1
1
拉鍊口布（背面）

3.接縫口布＆提把

拉鍊口布（背面）
1
①燙開拉鍊口布兩脇邊的縫份。
②車縫。
③拉鍊口布翻至正面
對齊拉鍊口布＆本體脇邊
對齊拉鍊口布＆本體袋口
本體（正面）

裁布圖

※標示的尺寸已含縫份。
表布（正面）

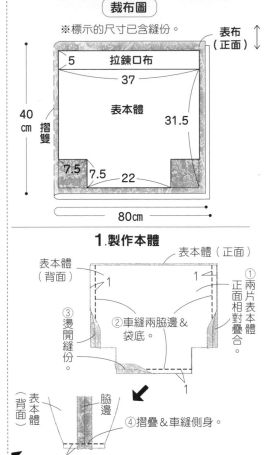

5
拉鍊口布
37
表本體
31.5
40cm
摺雙
7.5 7.5 22
80cm

1.製作本體

表本體（背面）
表本體（正面）
1
③燙開縫份。
②車縫兩脇邊＆袋底。
①兩片表本體正面相對疊合。
表本體（背面）
脇邊
1
④摺疊＆車縫側身。

完成尺寸	材料
寬29×高37.5cm	表布（棉・聚酯纖維）138cm×40cm
原寸紙型	裡布（棉布）110cm×40cm
B面	接著襯（medium）92cm×40cm
	皮革提把（寬1cm 60cm）1組／手縫線

2.完成！

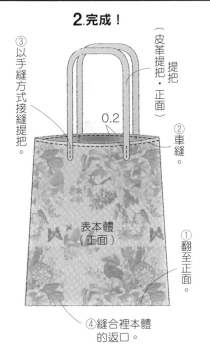

③以手縫方式接縫提把。
（皮革提把・正面）
提把
0.2
②車縫。
①翻至正面。
表本體（正面）
④縫合裡本體的返口。

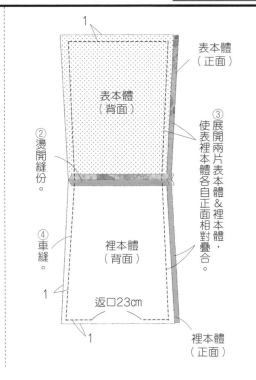

1
表本體（正面）
表本體（背面）
②燙開縫份。
③展開兩片表本體＆裡本體，使表裡本體各自正面相對疊合。
裡本體（背面）
④車縫。
返口23cm
1
裡本體（正面）

裁布圖

※　　　處需於背面燙貼接著襯（僅表本體）。
表・裡布的裁法亦同。
表・裡布（正面）

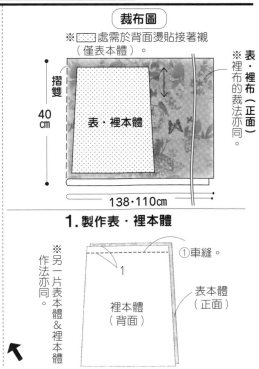

摺雙
40cm
表・裡本體
138・110cm

1.製作表・裡本體

①車縫。
※另一片表本體＆裡本體作法亦同。
裡本體（背面）
表本體（正面）

100

完成尺寸	材料（ ■…S・ ■…M・ ■…共用）
S：寬41×高20×側身11cm	表布（尼龍布）100cm×65cm・75cm
M：寬41×高26×側身11cm	配布（PVC透明果凍布）50cm×40cm・50cm
原寸紙型	提把用布條 寬3cm 120cm・140cm／固定釦 0.9cm 4組
無	滾邊用斜布條 寬1cm 150cm
	塑膠四合釦 14mm 1組

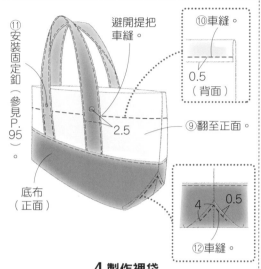

⑪安裝固定釦（參見P.95）。
⑩車縫。
0.5
（背面）
避開提把車縫。
2.5
⑨翻至正面。
底布（正面）

4　0.5
⑫車縫。

裁布圖

※ ■…S・ ■…M・ ■…共用）

配布（正面）
40・50cm
本體 43　17・23
本體 43　17・23
50cm

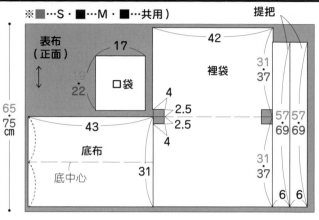

表布（正面）
65・75cm
17
19・22
口袋
42
裡袋
31・37
4
2.5
2.5
4
43
底布
底中心
31
31・37
57 57
69 69
6　6
提把
100cm

4.製作裡袋

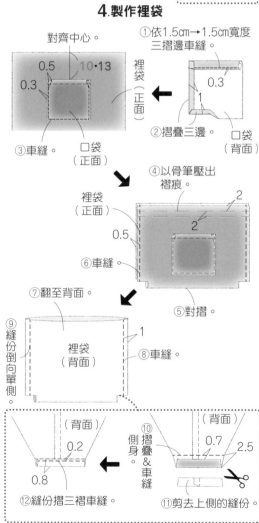

對齊中心
0.5　10・13
0.3
③車縫
口袋（正面）

①依1.5cm→1.5cm寬度三摺邊車縫。
0.3
②摺疊三邊
1
口袋（背面）

④以骨筆壓出褶痕。
裡袋（正面）
2　2
0.5
⑥車縫
⑦翻至背面。
⑤對摺

⑨縫份倒向單側。
裡袋（背面）
1
⑧車縫。

（背面）
0.2
0.8
⑫縫份摺三褶車縫。

（背面）
側身摺疊&車縫
0.7　2.5
⑪剪去上側的縫份。

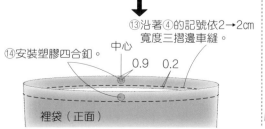

⑬沿著④的記號依2→2cm寬度三摺邊車縫。

⑭安裝塑膠四合釦。
中心
0.9　0.2
裡袋（正面）

本體（正面）
0.5
底布（正面）

⑤翻至正面，與斜布條一起車縫。
※另一片本體作法亦同。

④以斜布條包捲縫份。
底布（背面）
本體（背面）
③縫份倒向底布側。

3.製作本體

以輪刀在摺疊位置作記號。

①摺疊後以紙膠帶暫時固定。
5
1
本體（背面）
②底中心摺入5.5cm往內。
底布（背面）
③車縫。

底中心
5.5

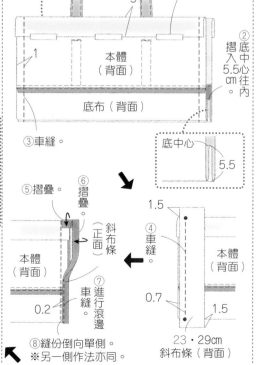

⑤摺疊。
⑥摺疊。
斜布條（正面）
本體（背面）
⑦進行滾邊車縫。
0.2

1.5
④車縫。
斜布條
本體（背面）
0.7　1.5
23・29cm
斜布條（背面）

⑧縫份倒向單側。
※另一側作法亦同。

1.接縫提把

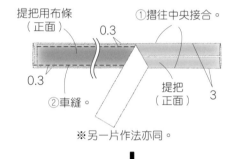

提把用布條（正面）
①摺往中央接合。
0.3
0.3
②車縫。
提把（正面）
3
※另一片作法亦同。

提把（正面）
③以紙膠帶暫時固定。
木體（正面）
上方重疊車縫2至3次。
0.3
5.5　5.5
中心
5.5
5.5　11.5
⑤車縫。
④以紙膠帶標示接縫位置。
※另一片作法亦同。

2.接縫底布

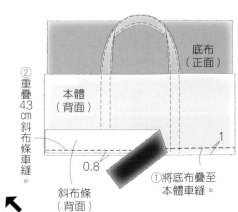

底布（正面）
②重疊43cm斜布條車縫。
本體（背面）
斜布條（背面）
0.8
1
①將底布疊至本體車縫。

完成尺寸
S：寬24×高15×側身8cm
M：寬29×高20×側身9cm
L：寬33×高24×側身10cm

原寸紙型

A面

材料（ ⋯S・■⋯M・ ⋯L・■⋯共用）
表布（棉布）70cm×50cm
裡布（棉布）70cm×50cm・90cm×30cm・110cm×40cm
單膠鋪棉 70cm×50cm・90cm×30cm・110cm×40cm
FLATKNIT拉鍊 40cm 2條・50cm 2條・50cm 2條
棉織帶 寬2cm 160cm・200cm・240cm
軟皮革提把 寬4cm 15cm

3.接縫底＆蓋

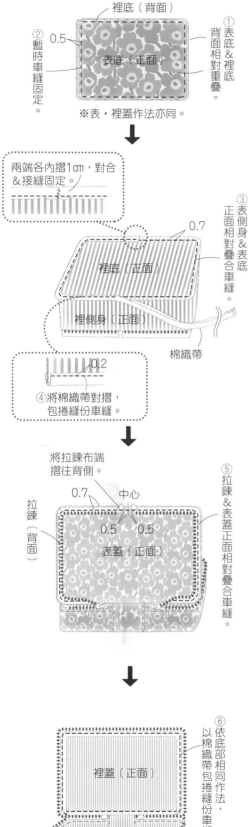

① 表底＆裡底背面相對重疊。
② 暫時車縫固定。
裡底（背面）
表底（正面）
0.5

※表・裡蓋作法亦同。

兩端各內摺1cm，對合＆接縫固定。

③ 表側身＆表底正面相對疊合車縫。
0.7
裡底（正面）
裡側身（正面）
棉織帶

0.2
④ 將棉織帶對摺，包捲縫份車縫。

將拉鍊布端摺往背側。
拉鍊（背面）
0.7
中心
0.5 0.5
表蓋（正面）

⑤ 拉鍊＆表蓋正面相對疊合車縫。

⑥ 以底部相同作法，依棉織帶包捲縫份車縫。
裡蓋（正面）

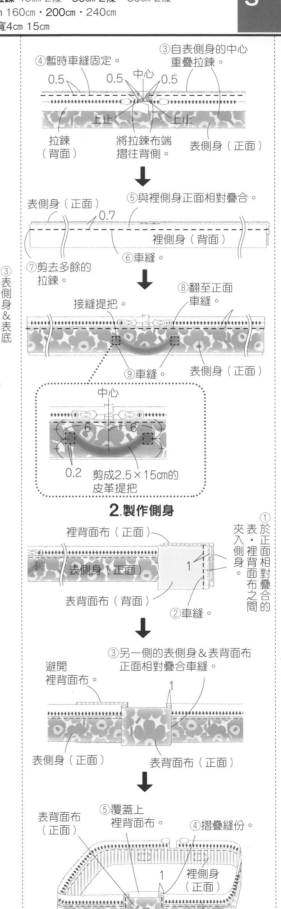

④ 暫時車縫固定。
中心
0.5 0.5 0.5
上止 上止
拉鍊（背面）
③ 自表側身的中心重疊拉鍊。
將拉鍊布端摺往背側。
表側身（正面）

⑤ 與裡側身正面相對疊合。
表側身（正面）
0.7
裡側身（背面）
⑥ 車縫。

⑦ 剪去多餘的拉鍊。
接縫提把。
⑧ 翻至正面車縫。
⑨ 車縫。
表側身（正面）

中心
6 6
0.2 剪成2.5×15cm的皮革提把

2.製作側身

裡背面布（正面）
表側身（正面）
表背面布（背面）
② 車縫。
① 於正面相對疊合的表・裡背面布之間，夾入表・裡側身。
1

③ 另一側的表側身＆表背面布正面相對疊合車縫。
避開裡背面布。
表側身（正面）
表背面布（正面）
1

⑤ 覆蓋上裡背面布。
表背面布（正面）
④ 摺疊縫份。
裡側身（正面）
0.2 0.2
⑥ 車縫。
表側身（正面）
拉鍊（正面）

裁布圖

※表・裡側身＆表・裡背面布無原寸紙型，請依標示的尺寸（已含縫份）直接裁剪。

S尺寸

※ □處需於背面燙貼單膠鋪棉。

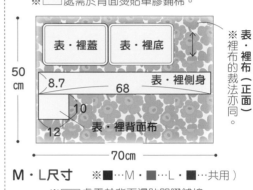

表・裡蓋　表・裡底
8.7　68　表・裡側身
10
12　表・裡背面布
50cm
70cm
※表・裡布的裁法亦同。（正面）

M・L尺寸　※■⋯M・■⋯L・■⋯共用）

※ □處需於背面燙貼單膠鋪棉。

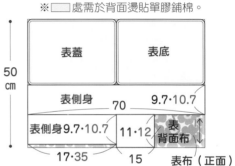

表蓋　表底
表側身 70　9.7・10.7
表側身9.7・10.7　11・12　表背面布
17・35　15　表布（正面）
50cm
70cm

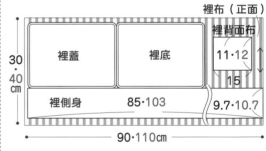

裡布（正面）
裡蓋　裡底　裡背面布
11・12
15
裡側身　85・103　9.7・10.7
30
40cm
90・110cm

1.將拉鍊＆提把接縫於側身

① 車縫兩片表側身＆燙開縫份（僅M・L）。

表側身（背面）1　1 表側身（背面）

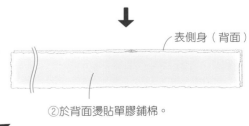

表側身（背面）

② 於背面燙貼單膠鋪棉。

完成尺寸	材料
寬40×高35.5×側身12cm（不含提把）	表布（棉布）70cm×50cm 2片
原寸紙型	裡布（棉布）90cm×50cm／接著襯（厚）90cm×50cm
B面	軟皮革提把 寬4cm 50cm 4片
	磁釦 1.8cm 1組

3.疊合表本體&裡本體

②暫時車縫固定提把。
0.5
①翻至正面。

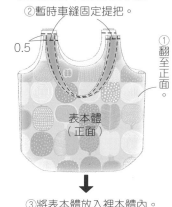

③將表本體放入裡本體內。
④車縫。
返口10cm
裡本體（背面）
表本體（正面）

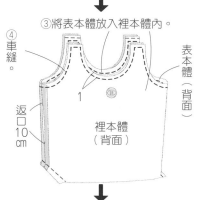

⑥車縫。
0.2
⑤翻至正面，縫合返口。
表本體（正面）

表本體（正面）
③車縫。
表本體（背面）
1　1
⑤燙開縫份。　④車縫。

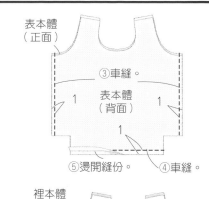

裡本體（正面）
⑥車縫。
1
返口10cm
裡本體（背面）
1
⑧燙開縫份。　⑦車縫。

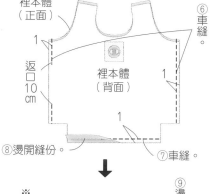

※另一側&裡本體作法亦同。

脇邊
表本體（背面）
⑨燙開兩脇邊縫份。
⑩摺疊&車縫側身。

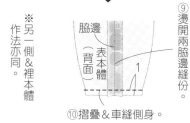

2.製作提把

長32cm提把（正面）
0.3
②車縫。　①背面相對疊合。　提把（背面）
※另一條作法亦同。

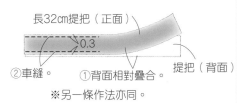

（裁布圖）
※ ▭ 處需於背面燙貼接著襯。

表布（正面）
50cm
表本體
70cm
※重疊2片。

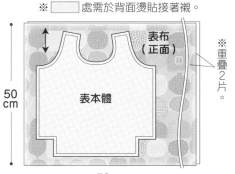

裡布（正面）
50cm
裡本體
摺雙
90cm

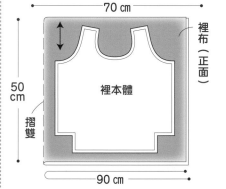

1.製作表・裡本體

②安裝磁釦。
中心
③
①於背面燙貼3×3cm的接著襯。
裡本體（正面）
※另一片作法亦同。

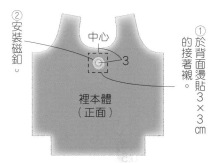

完成尺寸	材料
寬5×高16cm	表布（PVC透明果凍布）15cm×20cm
原寸紙型	亮片 適量
無	緞帶 寬0.7cm 20cm

1.製作本體

③放入亮片。
①如圖所示裁剪兩片本體。
本體（表布）
16
②車縫。
0.2
5

⑦緞帶端穿過摺雙圈。
1　中心
⑤以圓斬等打洞。
0.2
④車縫。
⑥將長20cm緞帶對摺後穿入洞內。
本體（正面）

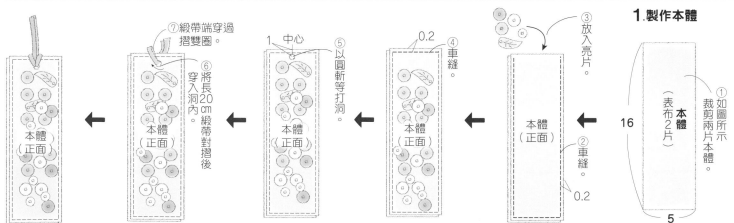

完成尺寸	材料
寬35×高28.5×側身10cm（不含提把）	表布（棉布）70cm×50cm 2片
	裡布（棉布）110cm×50cm
原寸紙型	竹節提把（寬18cm 高14cm）1組
B面	接著襯（厚）90cm×75cm

〔裁布圖〕

※口布＆斜布條無原寸紙型，請依標示的尺寸（已含縫份）直接裁剪。
※ ▨ 處需於背面燙貼接著襯。

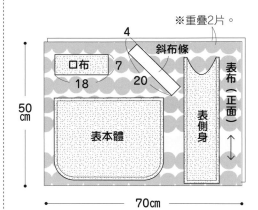

※重疊2片。
斜布條
口布 7
18 4 20
表布（正面）
表側身
50cm
表本體
70cm

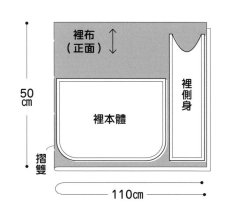

裡布（正面）
裡本體
裡側身
50cm
摺雙
110cm

1.接縫側身

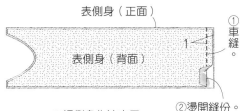

表側身（正面）
①車縫。
表側身（背面）
1
②燙開縫份。
※裡側身作法亦同。

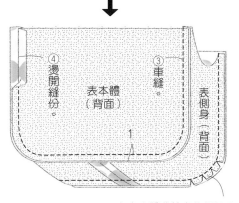

④燙開縫份。
表本體（背面）
③車縫。
表側身（背面）
1
1
在表本體曲線處的縫份上剪0.8cm牙口。
※裡本體＆裡側身作法亦同。

2.摺疊褶襇

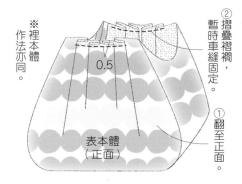

②摺疊褶襇，暫時車縫固定。
①翻至正面。
※裡本體作法亦同。
0.5
表本體（正面）

3.疊合表本體＆裡本體

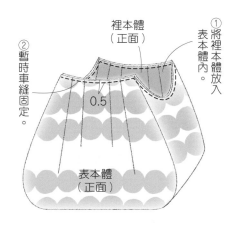

裡本體（正面）
①將裡本體放入表本體內。
②暫時車縫固定。
0.5
表本體（正面）

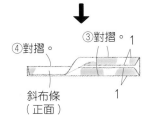

④對摺。 ③對摺。
1 1
斜布條（正面）
1
※另一片作法亦同。

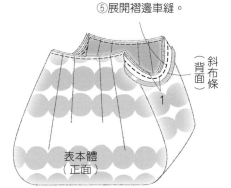

⑤展開褶邊車縫。
斜布條（背面）
1
表本體（正面）

4.接縫口布

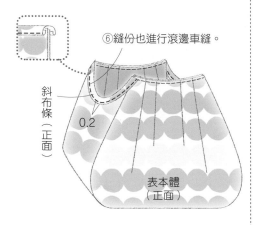

⑥縫份也進行滾邊車縫。
斜布條（正面）
0.2
表本體（正面）

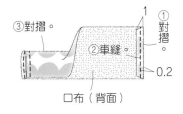

③對摺。 ①對摺。
②車縫。
0.2
口布（背面）

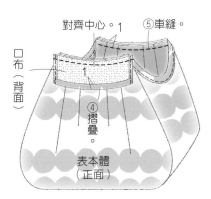

對齊中心。 1
⑤車縫。
口布（背面）
1
④摺疊。
表本體（正面）

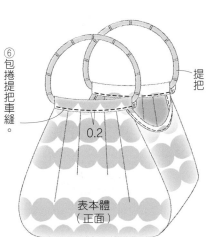

⑥包捲提把車縫。
提把
0.2
表本體（正面）

104

完成尺寸
高25.5cm

原寸紙型
A面

材料
表布（棉布）50cm×20cm
提把用PVC軟管 直徑1cm 40cm／串珠（白色）5mm 1顆
蕾絲 寬3cm 15cm／填充棉 適量
25號繡線（茶色・深水藍・淺水藍・深粉紅・淺粉紅）

P.50_No.71
Natasha娃娃主體

3.製作身體

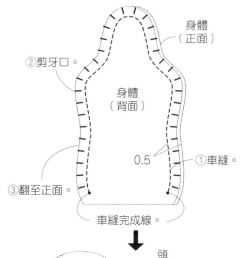

身體（正面）
②剪牙口。
身體（背面）
③翻至正面。
0.5
①車縫。
車縫完成線。

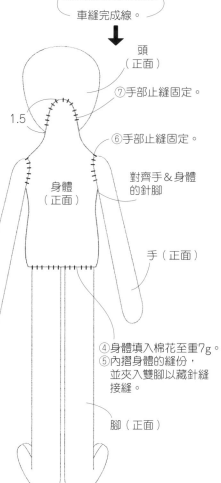

頭（正面）
⑦手部止縫固定。
1.5
⑥手部止縫固定。
身體（正面）
對齊手＆身體的針腳
手（正面）
④身體填入棉花至重7g。
⑤內摺身體的縫份，並夾入雙腳以藏針縫接縫。
腳（正面）

4.製作褲子

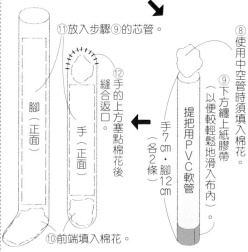

身體（背部・正面）
蕾絲10.5cm
0.3
褲子（正面）
針腳
（背面）
①手縫＆燙開縫份。
②套進身體，於中心處縫一針。

※頭髮接縫方式參見P.106。

2.製作手・腳

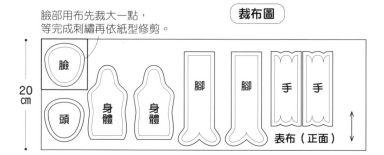

臉部用布先裁大一點，等完成刺繡再依紙型修剪。

裁布圖

20cm
臉
頭
身體
身體
腳
腳
手
手
表布（正面）
50cm

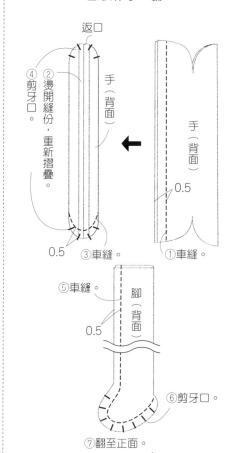

返口
④剪牙口。
②燙開縫份，重新摺疊。
手（背面）
手（背面）
0.5
①車縫。
③車縫。
0.5

⑤車縫
腳（背面）
0.5
⑥剪牙口。
⑦翻至正面。

⑪放入步驟⑨的芯管。
⑫手的上方塞點棉花後縫合返口。
腳（正面）
手（正面）
⑧使用中空管時須填入棉花。
⑨下方纏上紙膠帶（以便較輕鬆地滑入布內）。
提把用PVC軟管
手7cm・腳12cm（各2條）
⑩前端填入棉花。

※雙手雙腳作法相同。

1.製作頭部

①在臉上刺繡（皆取1股繡線）。

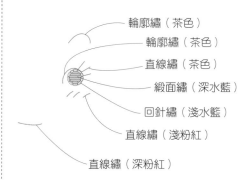

輪廓繡（茶色）
輪廓繡（茶色）
直線繡（茶色）
緞面繡（深水藍）
回針繡（淺水藍）
直線繡（淺粉紅）
直線繡（深粉紅）

【使用的繡法】
直線繡
①出 ②入 ①出
輪廓繡
①出 ②入
回針繡
①出 ②入 ③出
緞面繡
①出 ②入 ③出

②依紙型修剪。

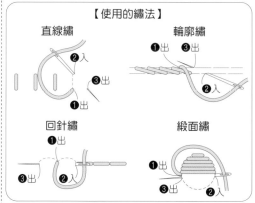

返口4cm
③車縫
臉（正面）
0.5
頭（背面）
④剪牙口。
⑤翻至正面。

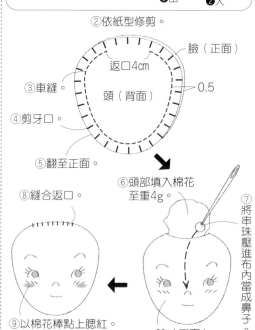

⑥頭部填入棉花至重4g。
⑦將串珠壓進布內當成鼻子。
⑧縫合返口。
臉（正面）
⑨以棉花棒點上腮紅。

**娃娃的
頭髮＆服裝**

完成尺寸

上衣：長8cm
裙子：長15cm
鞋子：3.5cm
短襪：長3.5cm
帽子：直徑10cm
包包：高5×寬12.5cm
太陽眼鏡：寬4cm

原寸紙型

A面

材料

表布A（棉布）30cm×10cm
表布B（棉青年布）30cm×35cm
表布C（軟薄紗）120cm×25cm
表布D（棉針織布）10cm×10cm
接著襯 40cm×10cm／雙膠接著襯 25cm×15cm
皮革（薄）10cm×10cm／毛線（圈圈紗）適量
藤編圖案布 35cm×10cm／包釦 4cm 1顆
棉織帶 寬1cm 30cm／拉菲草繩 20 cm
塑膠板A（文件夾等封面・米白色）10cm×5cm
塑膠板B（透明夾・透明灰）5cm×5cm
暗釦 0.7cm 1組・0.5cm 2組
緞帶 寬0.5cm 25cm／鈕釦 0.5cm 2顆／耳環 1個

裁布圖

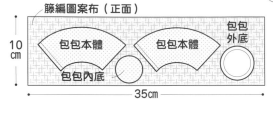

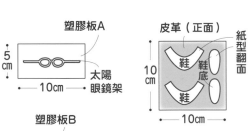

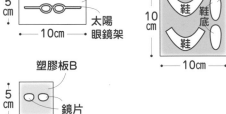

藤編圖案布（正面）
包包本體　包包本體　包包外底
包包內底
10cm　35cm

塑膠板A
5cm　10cm　太陽眼鏡架

皮革（正面）
鞋　鞋底　紙型翻面
鞋
10cm　10cm

塑膠板B
5cm　5cm　鏡片

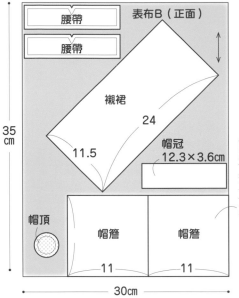

腰帶
腰帶
表布B（正面）
襯裙　24
11.5
帽冠 12.3×3.6cm
帽頂
帽簷　帽簷
11　11
35cm　30cm

※領子（表布A）／襯裙・帽冠（表布B）
紗裙（表布C）皆無原寸紙型，
請依標示的尺寸（已含縫份）直接裁剪。
※▨▨▨處於背面燙貼接著襯後裁剪。

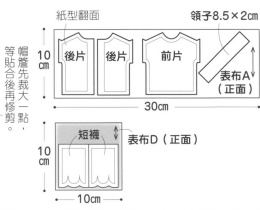

紗裙（表布C）120×25
紙型翻面　領子8.5×2
後片　後片　前片　表布A（正面）
10cm　30cm

短襪　表布D（正面）
10cm　10cm

帽簷先裁大一點，等貼合後再修剪。

2.製作上衣

①Z字形車縫。

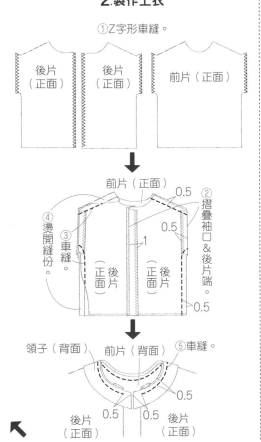

後片（正面）　後片（正面）　前片（正面）

前片（正面）
②摺疊袖口＆後片端。
③車縫。
④燙開縫份。
0.5　0.5　0.5　1　0.5
後片（正面）　後片（正面）

領子（背面）　前片（背面）
⑤車縫。
0.5　0.5　0.5
後片（正面）　後片（正面）

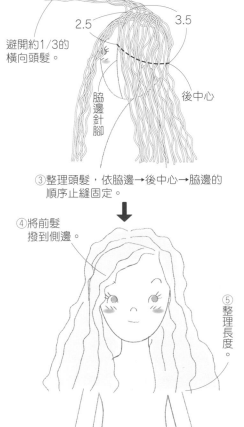

避開約1/3的橫向頭髮。
2.5　3.5
脇邊針腳　後中心

③整理頭髮，依脇邊→後中心→脇邊的
順序止縫固定。

④將前髮撥到側邊。

⑤整理長度。

1.接縫頭髮

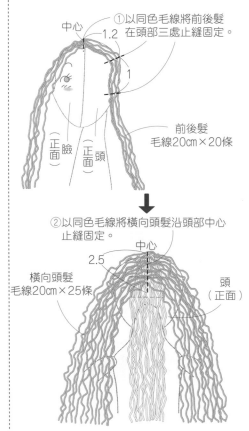

①以同色毛線將前後髮
在頭部三處止縫固定。
中心　1.2　1
臉（正面）　頭（正面）
前後髮
毛線20cm×20條

②以同色毛線將橫向頭髮沿頭部中心
止縫固定。
中心　2.5
橫向頭髮
毛線20cm×25條
頭（正面）

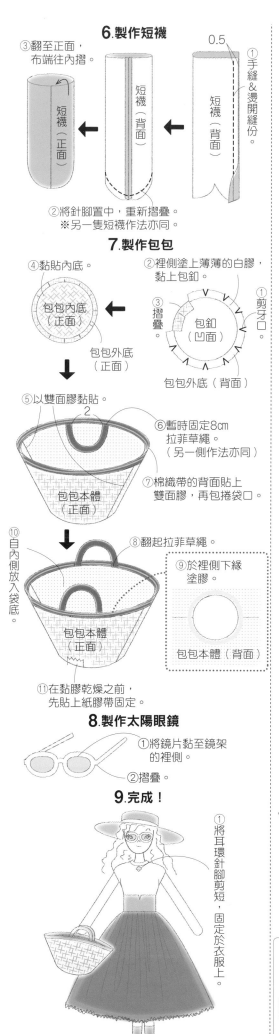

6.製作短襪

③翻至正面，布端往內摺。

0.5

①手縫&燙開縫份。

短襪（正面）　短襪（背面）　短襪（背面）

②將針腳置中，重新摺疊。
※另一隻短襪作法亦同。

7.製作包包

④黏貼內底。

②裡側塗上薄薄的白膠，黏上包釦。

③摺疊。

①剪牙口。

包包內底（正面）

包釦（凹面）

包包外底（正面）

包包外底（背面）

⑤以雙面膠黏貼。

2

⑥暫時固定8cm拉菲草繩。（另一側作法亦同）

⑦棉織帶的背面貼上雙面膠，再包捲袋口。

包包本體（正面）

⑧翻起拉菲草繩。

⑩自內側放入袋底。

⑨於裡側下緣塗膠。

包包本體（正面）

包包本體（背面）

⑪在黏膠乾燥之前，先貼上紙膠帶固定。

8.製作太陽眼鏡

①將鏡片黏至鏡架的裡側。

②摺疊。

9.完成！

①將耳環針腳剪短，固定於衣服上。

4.製作帽子

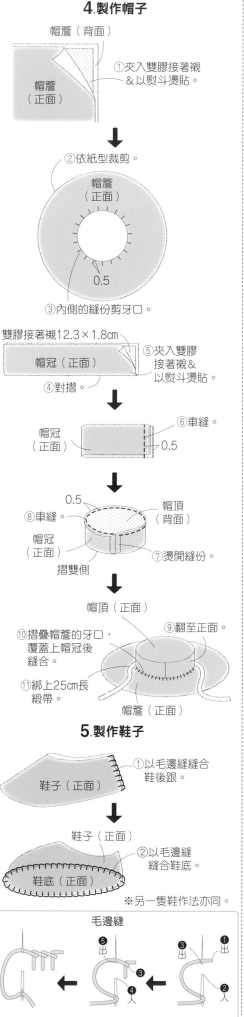

帽簷（背面）

帽簷（正面）

①夾入雙膠接著襯&以熨斗燙貼。

②依紙型裁剪。

帽簷（正面）

0.5

③內側的縫份剪牙口。

雙膠接著襯12.3×1.8cm

帽冠（正面）

⑤夾入雙膠接著襯&以熨斗燙貼。

④對摺。

帽冠（正面）

⑥車縫

0.5

0.5

⑧車縫

帽頂（背面）

帽冠（正面）

帽頂（正面）

⑦燙開縫份

摺雙側

⑩摺疊帽簷的牙口，覆蓋上帽冠後縫合。

⑨翻至正面。

⑪綁上25cm長緞帶。

帽簷（正面）

5.製作鞋子

鞋子（正面）

①以毛邊縫縫合鞋後跟。

鞋子（正面）

②以毛邊縫縫合鞋底。

鞋底（正面）

※另一隻鞋作法亦同。

毛邊縫

⑤出　③出　①出

❸　❶

❷入　❹入

（領子製作）

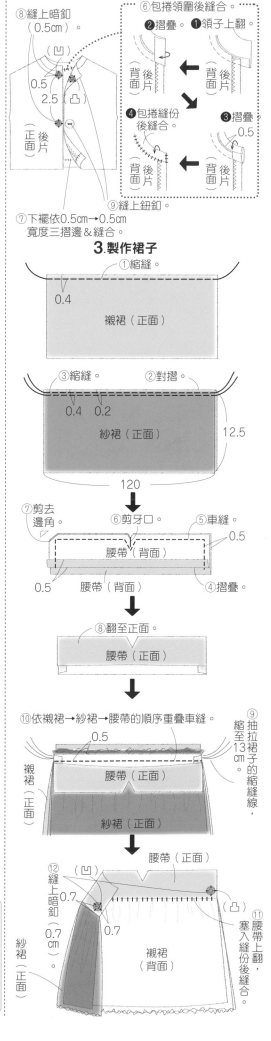

⑥包捲領圍後縫合。

❷摺疊。　❶領子上翻。

（凹）

0.5　2.5

（凸）

④包捲縫份後縫合。

③摺疊。　0.5

⑧縫上暗釦（0.5cm）

正面　後片

背面　後片

背面　後片

背面　後片

⑨縫上鈕釦。

⑦下襬依0.5cm→0.5cm寬度三摺邊&縫合。

3.製作裙子

①縮縫。

0.4

襯裙（正面）

③縮縫。　②對摺。

0.4　0.2

紗裙（正面）

12.5

120

⑦剪去邊角。

⑥剪牙口。

⑤車縫

0.5

腰帶（背面）

0.5　腰帶（背面）　④摺疊。

⑧翻至正面。

腰帶（正面）

⑩依襯裙→紗裙→腰帶的順序重疊車縫。

0.5

襯裙（正面）

腰帶（正面）

紗裙（正面）

⑨抽拉裙子的縮縫線，縮至13cm。

腰帶（正面）

⑫縫上暗釦（0.7cm）。

（凹）

0.7　0.7

（凸）

⑪腰帶上翻，塞入縫份後縫合。

紗裙（正面）

襯裙（背面）

作品製作・設計・作法繪圖提供＝月亮　原寸紙型Ｂ面
執行編輯＝黃璟安　攝影＝數位美學　賴光煜

Sweet Summer

甜蜜盛夏

以明亮色帶出夏日的活力，
極富甜美感的泡泡袖設計，
搭配小清新的手繪風圖案，
完美展現女孩的獨特魅力。

Tsuki
月亮手作り

f 月亮 Tsuki

愛手作，愛繪本，愛音樂，
愛與小孩玩在一起の平凡家庭主婦。
http://mituki222.pixnet.net/blog

108

▲ 以零碼布製成草
帽邊緣的緞帶裝
飾，就是成套的
夏日小清新風格
LOOK！

▲ 選用日本水彩畫家伊藤尚美獨特色彩搭配製成的日本二重紗布料，作成輕盈舒適的同款上衣，別有
一番優雅的氣質韻味。

夏日小清新上衣

穿著尺寸：F

材料：
■ 棉質雙層紗印花布
■ 110幅寬：約170cm
■ 140幅寬：約130cm
■ 原寸紙型B面

裁布圖（表布）

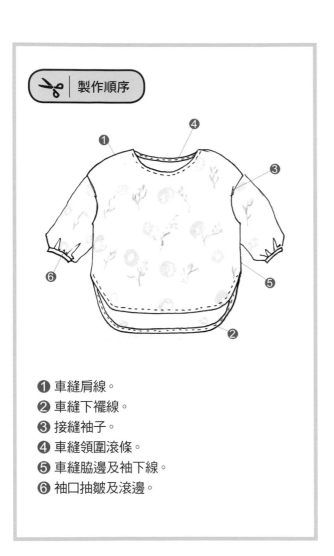

製作順序

❶ 車縫肩線。
❷ 車縫下襬線。
❸ 接縫袖子。
❹ 車縫領圍滾條。
❺ 車縫脇邊及袖下線。
❻ 袖口抽皺及滾邊。

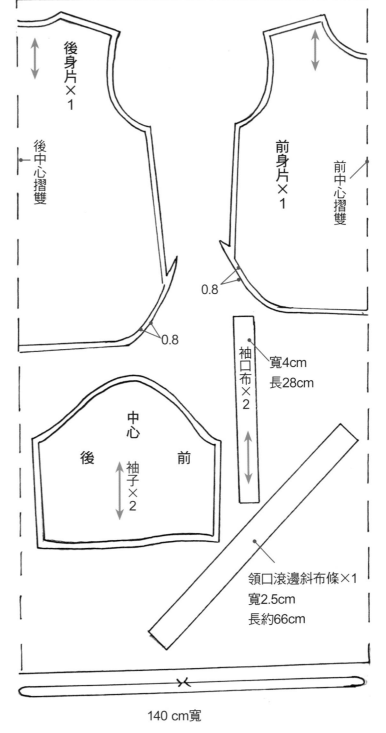

後身片×1

後中心摺雙

前身片×1

前中心摺雙

0.8

0.8

袖口布×2

寬4cm
長28cm

中心

後　　前

袖子×2

領口滾邊斜布條×1
寬2.5cm
長約66cm

140 cm寬

◎除了指定處之外，縫份皆為1 cm

110

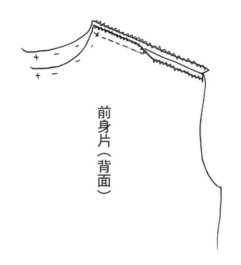

1 車縫肩線

前後片肩線正面相對
疊合車縫，進行Z字形
縫後，燙開。

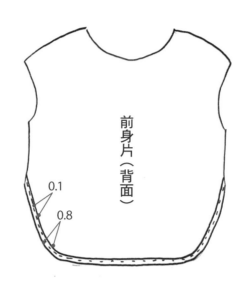

0.1
0.8

2 車縫下襬線

前後片下襬縫份寬約0.8cm，進
行三摺邊熨燙後，壓縫裝飾線
0.1cm固定。

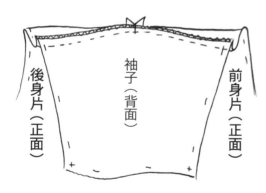

後身片（正面）　袖子（背面）　前身片（正面）

3 接縫袖子

接縫袖子後，前、後片一起進行
Z字形車縫並倒向袖籠內側。

4 車縫領圍滾條

身片與滾條正面相對疊合後，先
以珠針稍微固定再進行車縫。

以珠針固定

後身片（正面）　前身片（正面）

斜紋布
（背面）

前身片
（正面）

縫份剪牙口

斜紋布（正面）

（背面）

1

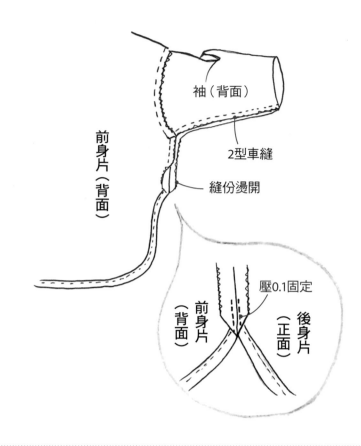

⑤ 車縫脇邊及袖下線

脇邊及袖下線車縫後燙開，若是選用較薄或柔軟布料製作，可一起進行Z字形車縫後，倒向後身片。

袖（背面）

2型車縫

前身片（背面）

縫份燙開

壓0.1固定

前身片（背面）

後身片（正面）

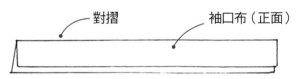

對摺　　袖口布（正面）

（如太薄布料可整片貼上薄襯）以加強挺度

0.1　　袖口布（正面）

1

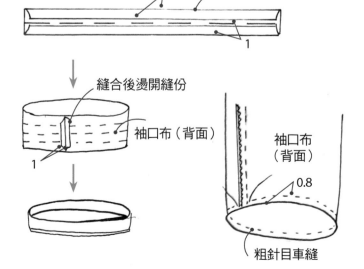

縫合後燙開縫份

袖口布（背面）

1

⑥ 袖口抽皺及滾邊，完成

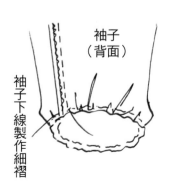

袖口布（背面）

0.8

粗針目車縫

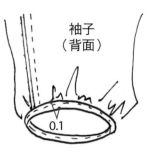

袖子（背面）

袖子下線製作細褶

袖子（背面）

0.1

以袖口布包夾袖口壓0.1車縫

日本拼布名師斉藤謠子 & Quilt Party

全新創作 —— 質感系手作包·布小物·家飾用品75選

本書收錄日本拼布名師斉藤謠子與 Quilt Party 的 75 款全新創作，以收集的零碼布片，發揮創意，自生活中的物品衍生的巧思，享受色彩與圖案的搭配樂趣，變化出新的拼布作品。書中作品皆附有詳細作法教學及原寸紙型＆圖案，並收錄基礎刺繡方法等技巧教學，適合稍有拼布基礎程度的拼布人，想要增進創作力的您，也一定能夠從斉藤老師分享的設計手記找到靈感，用心發現生活中蘊藏的珍貴事物，就是職人養成的最大創作能量，就從現在開始，拿出私藏的零碼布們，放手去作吧！

斉藤謠子&Quilt Party
美好的拼布日常

斉藤謠子&Quilt Party◎著
平裝104頁／彩色＋單色／19×26cm／定價480元

SEE YOU NEXT EDITION!

雅書堂　　　搜尋
www.elegantbooks.com.tw

Cotton friend 手作誌
Summer Edition 2019 vol.45

沁夏出遊の大小手作包&生活雜貨
夏素材防水布・PVC透明果凍布・吸濕毛巾
・透氣網布×活力花色・條紋remix！

作者	BOUTIQUE-SHA
譯者	彭小玲・周欣芃・瞿中蓮
社長	詹慶和
總編輯	蔡麗玲
執行編輯	陳姿伶
編輯	蔡毓玲・劉蕙寧・黃璟安・李宛真・陳昕儀
美術編輯	陳麗娜・周盈汝・韓欣恬
內頁排版	陳麗娜・造極彩色印刷
出版者	雅書堂文化事業有限公司
發行者	雅書堂文化事業有限公司
郵政劃撥帳號	18225950
郵政劃撥戶名	雅書堂文化事業有限公司
地址	新北市板橋區板新路206號3樓
網址	www.elegantbooks.com.tw
電子郵件	elegant.books@msa.hinet.net
電話	(02)8952-4078
傳真	(02)8952-4084

2019年6月初版一刷　定價／350元

COTTON FRIEND (2019 Summer Edition)
Copyright © BOUTIQUE-SHA 2019 Printed in Japan
All rights reserved.
Original Japanese edition published in Japan by BOUTIQUE-SHA.
Chinese (in complex character) translation rights arranged with
BOUTIQUE-SHA
through KEIO CULTURAL ENTERPRISE CO., LTD.

經銷／易可數位行銷股份有限公司
地址／新北市新店區寶橋路235巷6弄3號5樓
電話／(02)8911-0825
傳真／(02)8911-0801

國家圖書館出版品預行編目(CIP)資料

沁夏出遊の大小手作包&生活雜貨：夏素材防水布.PVC
透明果凍布.吸濕毛巾.透氣網布x活力花色.條紋
remix! / BOUTIQUE-SHA 著；瞿中蓮，彭小玲，周欣芃譯. --
初版. -- 新北市：雅書堂文化，2019.06
　　面；　公分. -- (Cotton friend 手作誌；45)
ISBN 978-986-302-496-5(平裝)

1. 手提袋 2. 手工藝

426.7　　　　　　　　　　108007752

STAFF 日文原書製作團隊

編輯長	根本さやか
編輯	渡辺千帆里　川島順子
編輯協力	竹林里和子
攝影	回里純子　腰塚良彥　島田佳奈
造型	西森 萌
妝髮	タニ ジュンコ
視覺&排版	みうらしゅう子　牧 陽子　松本真由美
繪圖	飯沼千晶　澤井清絵　爲季法子　並木 愛　三島惠子
	中村有理　星野喜久代
紙型製作	山科文子
校對	田村さえ子・澤井清絵